国家自然科学基金(51904083)
贵州省基础研究项目(科学技术基金)(黔科合基础[2020]1Y221)
贵州省教育厅青年科技人才成长项目(黔教合KY字[2021]262)
贵州理工学院高层次人才科研启动项目(XJGC20190963)

连铸保护渣凝固渣膜结构与性能

龙 潇 著

中国矿业大学出版社
·徐州·

内容提要

连铸结晶器保护渣是连铸过程不可或缺的重要辅料，直接影响铸坯表面、皮下质量和连铸的稳定性。润滑初生坯壳及控制与均匀坯壳向结晶器壁的传热是保护渣最重要的冶金功能，由结晶器壁与坯壳间的固、液渣膜实现。本书针对保护渣凝固渣膜行为特性研究的不足，解析了水冷探头凝固获取固渣膜的过程，改进了固渣膜的获取方法，确定了固渣膜各结构参数的评价方法。在此基础上选取典型渣系保护渣，获取了不同条件下的凝固渣膜样，解析了渣膜凝固结构演变行为、可能的影响因素及对传热和润滑的潜在影响。本书可作为连续铸造相关领域研究生、科研人员和工程技术人员的参考书。

图书在版编目(CIP)数据

连铸保护渣凝固渣膜结构与性能 / 龙潇著. 一徐州：中国矿业大学出版社，2021.6

ISBN 978-7-5646-5058-2

Ⅰ. ①连… Ⅱ. ①龙… Ⅲ. ①连铸保护渣一研究
Ⅳ. ①TF111.17

中国版本图书馆 CIP 数据核字(2021)第 135035 号

书　　名 连铸保护渣凝固渣膜结构与性能
著　　者 龙　潇
责任编辑 仓小金　王美柱
出版发行 中国矿业大学出版社有限责任公司
（江苏省徐州市解放南路　邮编 221008）
营销热线 (0516)83884103　83885105
出版服务 (0516)83995789　83884920
网　　址 http://www.cumtp.com　**E-mail**:cumtpvip@cumtp.com
印　　刷 徐州中矿大印发科技有限公司
开　　本 787 mm×1092 mm　1/16　**印张** 8.25　**字数** 211 千字
版次印次 2021 年 6 月第 1 版　2021 年 6 月第 1 次印刷
定　　价 48.00 元
（图书出现印装质量问题，本社负责调换）

前　言

自20世纪50年代开始，钢铁连铸技术的应用促进了钢铁工业的迅速发展。1960年代中期，以硅酸盐体系为基础的连铸结晶器保护渣问世，并迅速取代、淘汰了植物油在连铸中的使用。连铸结晶器保护渣配合浸入式水口的浇注技术使连铸品种、断面种类、铸坯质量及连铸比显著提高。目前，连铸结晶器保护渣已成为连铸过程最关键的功能性材料之一，对铸坯表面、皮下质量及连铸过程的顺行和稳定起关键性的作用。

近年来，钢铁连铸技术得到了飞速发展，对结晶器保护渣提出了新的要求，主要体现在以下几方面。

（1）高效连铸的迅速发展对保护渣性能和稳定性要求提高。近年，在国内钢铁产能过剩的大背景下，钢铁市场竞争异常激烈，以高拉速、恒拉速、高质量为主要特征的高效连铸成为钢铁企业降本增效的首选，钢铁企业降本增效的系统集成创新受到重视。连铸连轧、热送热装等技术，可大幅度节省场地和能源消耗，但上述工艺对连铸无缺陷铸坯技术要求则非常高，尤其是裂纹敏感钢的板坯高速、恒速、无缺陷连铸方面，对保护渣性能稳定性和工艺适配性要求则更高。高效连铸等新的发展趋势对连铸保护渣基础理论及应用研究也提出了更严格的要求。

（2）合金含量较高钢种的连铸生产对保护渣性能要求更严格。在合金含量较高钢种，尤其是铝和稀土等活泼元素较高钢种的连铸生产过程中，钢液中活泼元素易与保护渣中二氧化硅等组分反应，从而改变保护渣成分，恶化熔渣冶金性能。尤其是近年提出的高铝高锰的低密度高强钢，渣-金反应的调控是目前高铝和超高铝钢连铸的卡脖子环节。

（3）低氟及无氟保护渣的研究开发。氟是保护渣中重要的组分，起到调节熔渣高温流动性的作用。铸坯出结晶器后，依附在坯壳上的保护渣凝固渣膜在二冷水的作用下脱落，渣中氟迁移至二冷水中形成氢氟酸腐蚀设备，同时造成环境污染风险。虽然部分钢种连铸结晶器无氟保护渣已可在连铸现场应用，但是针对裂纹敏感性较强钢种的无氟保护渣，还未见成功的大规模工业化应用报道。

基于上述保护渣基本理论和应用问题，需要进一步明确不同渣系和成分的保护渣在结晶器内的行为特性，尤其是保护渣在钢液面上的烧结熔化、液渣流入结晶器壁与坯壳间缝隙的行为以及液渣在结晶器壁与坯壳间缝隙的冷却凝固行为。基于上述需求，本书介绍了保护渣基本性能的评价手段，尤其是对保护渣升温中低熔点液相生成信息和烧结倾向的评价方法进行了重点介绍。然后，基于渣膜凝固行为特性及调控机制研究的需要，改进了获取凝固渣膜的方法，使获得的渣膜结构更具代表性。本书主要选取了典型的 $CaO \cdot SiO_2 \cdot CaF_2$ 基普通高碱度、超高碱度及低碱度保护渣和 $CaO \cdot SiO_2 \cdot Na_2O$ 基低氟和无氟保护渣，在获取不同凝固条件下的固渣膜后，表征和评价了典型渣膜凝固结构演变规律和对控制传热的潜在影响，为根据性能要求设计保护渣凝固渣膜结构提供了重要参考。本书主要介绍了连铸结晶器保护渣凝固渣膜结构演变规律、影响因素及可能的调控机制和对传热的影响，可用作连续铸造相关领域科研人员和工程技术人员的参考资料。

本书的出版和部分研究内容获得了国家自然科学基金(51904083)、贵州省基础研究项目(科学技术基金)(黔科合基础[2020]1Y221)、贵州省教育厅青年科技人才成长项目(黔教合 KY 字[2021]262)和贵州理工学院高层次人才科研启动项目(XJGC20190963)的资助，在此一并表示感谢！

由于作者水平所限，书中的缺点和错误之处在所难免，恳请读者提出宝贵的批评意见。

著者

2021 年 3 月

目　录

第一章 绪 论

连续铸造是钢铁冶金中重要的工艺环节，但连铸工艺最早是在有色金属，如铜、铝等的铸造方面得到应用。直到1933年，Siegflied Junghans等提出结晶器振动连铸，才标志着现代连铸基础的建立，也使得钢的连铸成为可能。在结晶器保护渣出现以前，人们普遍采用植物油进行保护浇注，由于植物油浇注缺点明显，现基本被淘汰。随着连铸技术的发展，人们探索用新型保护剂保护钢液面及润滑铸坯。欧洲于1962年首次采用保护渣浇注，1963年法国东方优质钢公司提出并开发了浸入式水口配合保护渣的保护浇注技术，日本也于1965年试验了粉渣保护浇注。保护渣配合浸入式水口的保护浇注工艺极大提高了连铸产品质量，扩大了连铸品种，使连铸生产高品质钢成为可能[1-6]。以此为标志，连铸工艺逐步取代了模铸工艺，钢铁连铸技术也得到了大范围推广和发展。到目前为止，全世界钢产量95%以上通过连铸工艺生产。

我国于20世纪60年代开始，在西南地区和上海进行连铸技术的研究和攻关，并开始使用和推广浸入式水口配合保护渣的连续浇注生产。获得初步成功后，在20世纪70年代中后期迅速向全国推广，目前几乎所有连铸机都已使用浸入式水口配合保护渣浇注。由于保护渣在连铸生产中对铸坯质量和工艺稳定性有重要影响，因此国内外冶金工作者对其冶金功能和性能调控机制进行了大量研究[7-15]。经过数十年的研究积累，我国已经形成了有自身特点的保护渣技术和生产体系。随着连铸技术的发展，我国保护渣研究的活跃度增加，研究水平不断提高，尤其是近年，我国在裂纹敏感的包晶钢、高锰高铝钢连铸用保护渣的理论研究和品种开发方面有显著进步。但总体而言，目前我国保护渣研发投入还不足，自主开发能力较弱，在一定程度上拉开了保护渣研究、生产与连铸行业需求间的差距。

经过近年来的研究和积累，众多研究者对保护渣冶金功能的发挥及应用进行了大量研究，下述为较典型的研究工作与相关应用。

(1) 连铸生产过程中，钢水凝固发生包晶转变时，铸坯的裂纹敏感性预测和评价

在连铸生产过程中，中碳钢的裂纹敏感性一般较强。尤其是碳含量在0.1%左右时，裂纹敏感性最强。过去一般将此类钢种称为亚包晶钢，该类钢种在连铸中极易出现铸坯表面及皮下纵裂。包晶钢裂纹敏感性较强的原因是凝固过程中，高温铁素体δ向奥氏体γ转变的包晶反应体积收缩较大，而且弯月面附近初生坯壳强度较低，当冷却过快或冷却不均匀时，组织应力过大易引起纵裂。由于包晶钢连铸极易产生纵裂，影响铸坯质量，国内外大量学者对不同成分钢种的连铸裂纹敏感性进行了预测，但预测结果与实际生产偏差较大。这是由于实际连铸过程中，钢液冷却凝固发生的相变为非平衡转变，受冷却速率和元素扩散等因素的影响明显。并且，随着连铸的发展和连铸品种的扩大，部分钢种中合金元素的含量大幅度上升，过去对钢种裂纹敏感性的预测准确度进一步降低。王谦等人以相图计算为基础，考虑连铸工艺中的冷却速率及凝固偏析后，提出了钢液凝固收缩模型，用以计算、预测不同

成分钢种的凝固收缩程度和裂纹敏感性，并提出了裂纹敏感指数 R_V。目前，安赛乐米塔尔已经将该方法纳入钢种成分设计流程。

（2）保护渣吸收钢液上浮非金属夹杂及避免卷渣的控制

在低碳钢和超低碳钢的连铸生产过程中，为了提高生产效率并加强保护渣对坯壳的润滑，一般使用高温黏度及碱度较低的保护渣。但上述工艺路线容易造成铸坯夹渣等缺陷，使最终轧材表面缺陷频发。众多研究者提出了高过热度浇注、结晶器流场电磁控制、高洁净钢等技术手段，显著提高了低碳钢和超低碳钢连铸坯的表面质量。但是结晶器保护渣卷渣是铸坯夹渣的一个重要来源，重庆大学据此提出了系列技术方案，以控制连铸过程中结晶器保护渣的卷渣倾向。

随着高洁净钢生产技术的应用和推广，目前一般钢种夹杂含量水平已经大幅度降低。保护渣吸收结晶器内上浮夹杂的功能趋于弱化，自然也无需使用低黏度保护渣提高熔渣吸收钢液上浮夹杂物的动力学条件。因此，在调整结晶器内钢液流场，避免由流场因素造成卷渣，并调整结晶器振动参数保证渣耗和减轻振痕的基础上，可适当提高保护渣高温黏度，尽最大可能减小保护渣卷渣倾向。同时，除了高过热度浇注外，也可在一定程度上提高保护渣在弯月面附近控制传热的能力，提高弯月面附近的温度，可使弯月面附近初生坯壳变薄，抑制钩状弯月面凝固壳的过度生长，减少弯月面对夹杂和保护渣块的捕集。虽然提高保护渣控制传热能力可能造成结晶器总体冷却强度降低，出结晶器坯壳有变薄倾向，但密排辊等技术的成熟运用，降低了出结晶器时对坯壳安全厚度的要求。因此在合理安排二冷制度的前提下，不会明显影响连铸效率。

（3）保护渣控制、均匀传热与润滑铸坯间矛盾的协调

保护渣控制、均匀传热与润滑铸坯的功能分别由坯壳与结晶器壁间的固、液渣膜实现，20 世纪末开始，大量冶金工作者就认识到，保护渣控制传热和润滑坯壳的功能存在巨大的矛盾。目前，在对控制传热要求较高钢种的连铸过程中，一般使用二元碱度 1.2～1.4 的高氟、高碱度保护渣控制传热，该类保护渣结晶性能普遍较强，凝固温度（转折温度）较高。一般认为，该种保护渣凝固时，生成固渣膜较厚，削弱了液渣膜的润滑能力。虽然二元碱度1.2～1.4的高碱度保护渣在一定程度上能控制传热，减少纵裂发生率，但同时缺点非常明显，即增加了黏结及漏钢发生率。

为缓和保护渣控制传热与润滑铸坯间的矛盾，目前通常采用降低连铸拉速的方式，以降低生产效率的办法寻找平衡，但铸坯表面纵裂和由保护渣引起的黏结、漏钢等现象时有发生，很难避免，上述现象已经成为裂纹敏感钢连铸的常态。为彻底解决保护渣控制传热与润滑铸坯间的矛盾，日本住友曾开发和试验过二元碱度较高的保护渣（大幅度高于 1.4），以期协调渣膜控制传热和润滑铸坯间的矛盾，但是未见大规模应用效果数据报道。部分国内企业引进上述保护渣后，在生产过程中黏结及漏钢的比例大幅度升高而未推广使用。

由于钢液在弯月面附近凝固生成的初生坯壳较薄，强度较低，因此保护渣控制传热的重点部位为结晶器上部弯月面附近。据此，基于选分结晶原理，研究者提出了碱度较高、初始凝固结晶倾向较强、析晶较快的保护渣。该类保护渣在弯月面区域快速析出晶体，形成稳定的固渣膜控制传热，而析晶后剩余液渣的玻璃性增强，析晶能力持续减弱，保证了液渣膜对初生坯壳的润滑。基于上述理论，研究者开发了高结晶性、高润滑性的超高碱度保护渣（二元碱度大于 1.7），解决了保护渣控制传热与润滑铸坯之间的矛盾。

(4) 低反应性和非反应性保护渣

在浇注铝、钛及稀土等含量较高的钢种时,钢液中的上述活性元素容易与保护渣中的二氧化硅等组分反应,使液渣池内保护渣成分改变,导致液渣性能迅速改变恶化。在浇注此类钢种时,一般在开浇一段时间后,结晶器内即可出现大量渣条、渣团,影响连铸过程稳定性和铸坯表面质量,引起黏结甚至漏钢等事故。重庆大学基于分子动力学计算,评价了不同钢种和保护渣成分条件下,相关体系的渣-金反应性和熔融渣系微结构的稳定性,并开发了浇注铝含量为1.5%~2.0%高铝钢的低反应及非反应性保护渣。上述保护渣目前已在铝含量为1.5%~2.0%的高铝 TRIP 钢以及铝含量为1.8%~2.2%的20Mn23AlV 等钢种连铸中得到应用,效果良好。

保护渣配合浸入式水口浇注是连铸技术的重要组成部分,因此保护渣理论的发展、品种的开发和应用需密切配合连铸工艺的发展需求。虽然近年来保护渣的理论和应用研究取得了长足的进步,但是随着连铸技术的快速发展,保护渣理论和应用技术与连铸的需求还存在显著差距,在一定程度上限制了连铸技术的发展。总体而言,目前保护渣研究和应用领域亟待阐明的问题主要如下。

(1) 熔渣高温微结构及凝固过程中固渣膜结构演变行为特性和调控机制

在裂纹敏感包晶钢的连铸过程中,渣膜的凝固结构演变规律及调控机理是协调保护渣润滑和传热功能的重要基础。目前保护渣固渣膜凝固行为特性的研究还较欠缺,对固渣膜结构,如闭孔率、孔洞分布、渣膜冷面(与水冷铜壁接触)粗糙度形成机理等方面的研究还不深入。因此也无法轻易根据连铸工艺需求调控固渣膜结构和传热特性。

随着连铸技术的发展,在扩大连铸品种和提高连铸质量及效率的过程中,需要不断开发新的保护渣品种,如 $CaO \cdot Al_2O_3$ 基保护渣、无氟保护渣和含卤化物(如氯化物)等的保护渣。与传统 $CaO \cdot SiO_2 \cdot CaF_2$ 渣系研究应用不同,目前针对上述新渣系的高温性能稳定性、微结构及渣膜凝固行为特性的研究比较欠缺。如在高铝钢等反应性明显的钢种浇注过程中,为避免连铸时保护渣液渣由于渣-金反应而性能恶化,目前众多研究者力图寻找新的渣系替代传统的 $CaO \cdot SiO_2 \cdot CaF_2$ 渣系,研究多集中在 $CaO \cdot Al_2O_3$ 基渣系。虽然目前铝含量为1.5%~2.0%的高铝钢连铸用 $CaO \cdot Al_2O_3$ 基保护渣,已经在一定范围内得到了成功应用,但针对铝含量为3%~5%以及钛、稀土等活泼元素含量较高钢种的连铸保护渣,但还需要开展大量的研究工作。总体而言,目前针对 $CaO \cdot Al_2O_3$ 基渣系高温微结构、稳定性和凝固渣膜结构、性能及调控手段的研究还不够。同理,大量冶金工作者为了彻底取消保护渣中氟的添加,也集中精力寻找 $CaO \cdot SiO_2 \cdot Na_2O$ 和 $CaO \cdot SiO_2 \cdot TiO_2$ 等渣系条件下,替代高氟渣中枪晶石作为传热控制析出的晶体,并研究、开发针对裂纹敏感的包晶钢板坯连铸过程中彻底无氟化的工艺技术路线。相比于传统 $CaO \cdot SiO_2 \cdot CaF_2$ 基渣系,目前对上述新渣系的熔融微结构、稳定性和渣膜凝固行为特性及影响因素的研究更为欠缺。本书后续将针对 $CaO \cdot SiO_2 \cdot CaF_2$ 及 $CaO \cdot SiO_2 \cdot Na_2O$ 渣系,系统阐述上述典型保护渣凝固渣膜结构特性的表征手段及凝固结构的演变规律和影响因素。

(2) 保护渣烧结特性的表征、控制机制和方法

保护渣的烧结特性影响其熔化过程和连铸工艺的稳定性,目前保护渣中一般会加入一定量的炭质材料,起骨架隔离作用,包裹、隔离保护渣微粒,避免微区低熔点液相过早或大量生成聚集,达到控制保护渣烧结和熔化过程的目的。由于目前主要使用炭质材料作为骨架

隔离材料，并且在保护渣熔化进入结晶器液面渣池后，剩余未被氧化的炭质材料在液渣中聚集形成富碳层。因此，保护渣有向钢液增碳的可能，在一定程度上限制了超低碳含量钢种的连铸。如何在控制炭质材料加入量的同时，更大地发挥炭质材料骨架隔离的烧结和熔速调节作用，是亟待研究的课题。同时，研究保护渣烧结特性的基础，是合理科学地评价保护渣的烧结倾向，并解析、评价不同条件下保护渣微区低熔点液相生成机理和生成量。本书后续将介绍应力-应变法检测保护渣烧结倾向，并评估不同条件下，保护渣微区液相的生成量。

基于保护渣控制传热与润滑铸坯功能的矛盾，本书通过使用改进的小尺寸、大宽厚比水冷铜探头，获取了不同典型渣系不同条件下的凝固渣膜及热流密度数据，分析、检测了凝固渣膜的生长速率、晶体结构、闭孔率、密度特性、冷面（与水冷铜壁接触）粗糙度等典型结构特征及其演变规律和影响因素，并分析了上述结构对凝固渣膜控制传热等特性的潜在影响。

第二章　连铸保护渣冶金功能及性能评价方法

一般的连铸结晶器保护渣主要由基料、熔剂、炭质材料三大部分组成。基料主要包含CaO、SiO_2、Al_2O_3及MgO等组分，其组成一般处于$CaO \cdot SiO_2 \cdot Al_2O_3$相图上的伪硅灰石区域，原料通常包括硅灰石、石灰石、水泥熟料、石英砂和玻璃等材料；熔剂主要为含Na_2O、F、Li_2O的纯碱，萤石，氟化钠，碳酸锂等；炭质材料主要为炭黑及石墨等。通过调整保护渣基料和熔剂的选择和成分配比，可调节保护渣的各高温理化性能指标和凝固特性，而保护渣中的配炭主要调节保护渣的熔化速率等特性。保护渣成分和原料配比确定后，经过混匀制样即可得到成品保护渣。保护渣基料也可先制成预熔料，增加保护渣成分的均匀性和冶金功能的稳定性。近年来，为了持续提高保护渣冶金功能的稳定性，以满足连铸对保护渣性能要求的提高，将原料水磨制浆、喷雾造粒干燥后，制成空心颗粒保护渣的工艺得到大力推广。保护渣基础理论和应用技术的发展均基于连铸工艺的需求，提供可控和稳定的冶金功能是连铸结晶器保护渣的基本任务，因此保护渣的冶金功能及在结晶器中的行为特性的研究和评价是保护渣研究的重点。

第一节　连铸保护渣的冶金功能

连铸保护渣在开浇后，钢液面没过浸入式水口时，连续不断地加入至结晶器内钢液面上。浸入式水口流出钢液形成的上流股将热量持续带至钢液表面，靠近钢液面的固态保护渣在受热后发生烧结、熔化，在钢液面上形成具有一定深度的液渣池。渣池中的液渣在结晶器的振动作用下，流入结晶器壁与初生坯壳间的缝隙，靠近结晶器壁的一侧(冷面)由于水冷铜壁的冷却作用，形成固渣膜；靠近坯壳一侧(热面)由于温度较高，形成液渣膜。保护渣随着铸坯下移，从结晶器出口带出，遇二冷水激冷脱落而被消耗[16]。在连铸过程中，保护渣流入结晶器壁与坯壳间缝隙形成渣膜的消耗，和钢液面保护渣熔化形成液渣需达到动态平衡，否则将造成连铸不顺行。保护渣在结晶器内的作用示意图如图 2-1 所示。

连铸保护渣发挥的冶金功能较复杂，对铸坯表面及皮下质量以及连铸的稳定性有至关重要的作用。一般来说，保护渣的冶金功能可以归纳为：避免钢液与空气接触被氧化、钢液面保温、吸收及同化结晶器内钢液上浮夹杂、控制与均匀坯壳向结晶器壁的传热、润滑铸坯使连铸顺行等五大功能[1,17,18]。

一、避免钢液被空气氧化

区别于敞开式浇注，浸入式水口配合保护渣的保护浇注最大的优势便是连铸过程中可避免钢液与空气直接接触。在连铸过程中，保护渣熔化后会在钢液面上形成液渣池，起到隔绝空气的作用。随着洁净钢技术的发展，连铸保护渣对结晶器内钢液的保护作用更加重要。

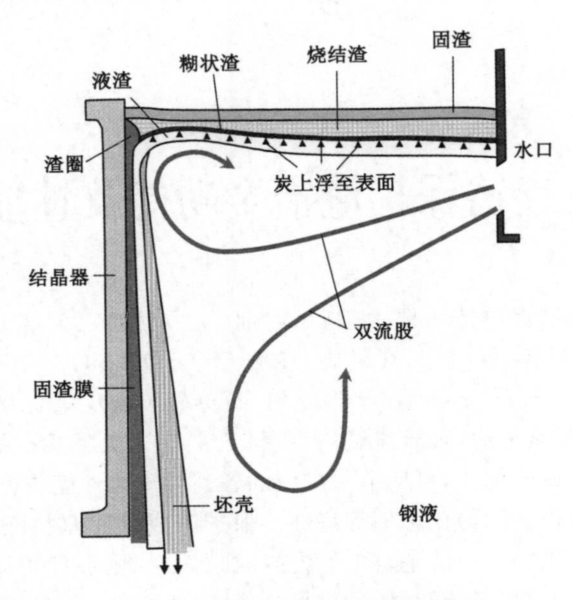

图 2-1　保护渣在结晶器内的作用示意图

而且为了控制保护渣烧结和熔化特性而加入的炭质材料微粒，部分会在连铸过程中与钢液面附近的氧气反应，可明显降低钢液面保护渣固渣层内的氧分压，起到避免和控制钢水氧化的作用。同时，某些保护渣原料中含有少量氧化锰及氧化铁，尤其是浇注一些合金含量较高钢种时的开浇渣（尤其是含钛钢），为避免高熔点化合物的生成，恶化保护渣黏度特性，需要加入一定量的氧化剂，渣中氧化铁、氧化锰等含量的增加会增加钢液二次氧化的风险。需要注意的是，实际连铸过程中，钢液二次氧化的风险除保护渣因素外，也与连铸工艺参数选取有关，如水口设计形式与插入深度不合时，可导致钢液面过度活跃，增加钢液氧化风险。

二、钢液面保温

由图 2-1 可知，固态保护渣加入至结晶器内钢液面上后，由于保护渣基料物理特性和配炭模式的差异，可在钢液面上形成稳定的两层（固渣层-液渣层）或三层（固渣层-烧结层-液渣层）结构。最上层的固态渣由于容重小，导热能力差，可起到一定的保温作用。

钢液从结晶器弯月面附近开始凝固形成初生坯壳，如钢液面温度过低，弯月面弧形凝固壳将过度生长，随振动带入坯壳后，可造成裂纹缺陷；并且弯月面弧形凝固壳可能会捕集钢液上浮夹杂物和水口吹氩气泡。过度生长的弯月面凝固壳和夹杂物、气泡等一旦被带入坯壳，将造成严重缺陷。因此，保护渣固渣的容重、铺展性及烧结特性均需要予以控制。

三、吸收、同化钢液上浮非金属夹杂物

连铸是钢液凝固前最后的工艺流程，因此通常认为，钢液在结晶器内凝固前是去除非金属夹杂物的最后机会。在连铸过程中，钢液内不可避免会产生一定量的内生夹杂，甚至会有浇注系统带入的耐火材料类大型夹杂。上述夹杂在连铸过程中可上浮聚集，或被钢液流股带至钢液-保护渣界面而被保护渣液渣同化吸收。一旦保护渣难以吸收夹杂，钢渣界面处的夹杂就可能被卷入坯壳凝固前沿或流入坯壳与结晶器壁间缝隙，引起连铸不顺行。同时，如

果保护渣液渣吸收夹杂后性能发生较大改变，也会直接造成连铸不稳定的现象。因此，结晶器冶金过程不是夹杂物去除的主要途径，而是需要尽力避免夹杂物上浮带来的负面问题，在此过程中，钢-渣界面特性、液渣黏度及其化学组成都需要着重考虑。

由于目前洁净钢生产技术得到大范围的普及，浇注钢液中的夹杂物含量大幅度减少，因而保护渣吸收结晶器内上浮夹杂物的功能在不同程度地受到弱化。在低碳钢等钢种的连铸过程中，为避免卷渣等不稳定现象的出现，目前倾向于在调整结晶器振动模式和参数，保证液渣消耗的基础上，在一定范围内增加保护渣高温黏度及钢-渣界面张力，最大程度避免铸坯夹渣等缺陷的出现。

四、控制和均匀坯壳向结晶器壁的传热

连铸过程的本质是钢液的凝固，因此传热冷却过程的控制是连铸重点研究领域。相较于敞开式浇注，浸入式水口配合保护渣的浇注由于在结晶器壁与坯壳间存在稳定的固、液渣膜，因而传热普遍均匀。但实际连铸过程复杂，受众多因素共同影响，如果工艺参数选择不当，如结晶器内钢液流场分布不合理，或液渣流入坯壳与结晶器壁的缝隙不均，可能引起传热不均。尤其是在包晶钢等裂纹敏感钢的连铸中，传热过快或不均匀都容易造成坯壳凝固过程组织应力明显增大，引起铸坯表面及皮下裂纹等缺陷。结晶器弯月面附近初生坯壳较薄，强度较低，易受冷却强度过大或不均的影响，而出现纵裂纹等缺陷[7,8]。因此，保护渣控制和均匀传热主要依靠结晶器弯月面附近的固渣膜实现。固渣膜结构参数复杂，包含厚度、生长速率、析晶速率、析晶种类、形貌及数量、固渣膜闭孔特性、渣膜冷面(与铜壁接触)粗糙度、密度等因素。上述因素在渣膜凝固过程中的演变，均与固渣膜控制和均匀传热有关。目前，一般认为渣膜凝固析晶特性(涉及固渣膜本身综合传热系数)和渣膜冷面粗糙度(涉及渣-铜界面热阻)是控制传热的最重要因素，但目前针对固渣膜其他结构参数演变对传热特性的影响研究，如渣膜中闭孔的析出规律及闭孔率等的研究还较少，本书将针对典型渣系检测并分析上述典型渣膜结构的演变规律和对传热的可能影响。

五、润滑初生坯壳

由于初生坯壳强度较低，在振动拉坯中需要靠近坯壳侧的液渣膜润滑初生坯壳，使铸坯顺利拉出。如弯月面附近液渣膜中有固相质点出现，或保护渣固渣膜厚度过厚、不均匀，或液渣膜过薄，就有可能恶化保护渣的润滑作用，导致连铸不稳定现象出现。

在连铸保护渣上述五大冶金功能中，润滑铸坯以及控制、均匀坯壳向结晶器壁的传热机理最复杂。在连铸过程中受影响因素众多(结晶器振动参数、保护渣物化特性、钢水静压力、固渣膜冷却条件等)，同时也直接影响连铸过程的稳定性和铸坯质量。相对于连铸保护渣的熔化及吸收、同化夹杂等过程，连铸过程中保护渣凝固渣膜的行为特性较难直接观察，或有效还原模拟，尤其是对渣膜凝固行为特性的直接研究难度较大。加之目前应用的保护渣大多含有一部分氟化物，造成熔融保护渣高温下的挥发性较强，因而实验室小样品量高温测试过程中，氟化物的挥发可引起样品成分较大幅度改变，造成保护渣性能测试误差增大，尤其是对保护渣结晶性能的直接检测造成了一定的困扰[19-21]。

因此，考虑到实用性和准确性，目前现场一般使用大样品量实验方法检测保护渣宏观物理性能。

第二节　连铸保护渣主要物化性能的评价

保护渣常用物理性能、检测方法及相应标准如表 2-1 所示。由表可知，只有少数测试项目有行业标准参考，大部分涉及保护渣在结晶器壁与坯壳间凝固行为的性能测试缺少对应标准。这是由于连铸过程中，保护渣凝固行为受众多因素影响，且为非平衡凝固过程造成的。目前现场生产中，保护渣的熔化温度、高温黏度、黏度-温度特性(包括转折温度)、烧结温度和速率及熔化速率、宏观结晶特性等物理性能一般被重点监控，以评价保护渣的冶金性能与连铸工艺的匹配度[1,3]。上述部分物理性能，如熔化温度、高温黏度特性等检测有行业标准参考，其他重要特性如结晶率、结晶物相、烧结特性、熔化速率等性能的检测，则没有标准可参考，后续将针对烧结性能等测试方法着重解析。

表 2-1　保护渣常用物理性能、测试方法及相应标准

序号	测试项目	常用测试方法	保护渣相应标准编号
1	堆积密度	容重法	YB/T 187-2017
2	粒度分布	筛分法	YB/T 188-2017
3	熔化温度	半球点法	YB/T 186-2014
4	高温黏度	旋转黏度计测试法	YB/T 185-2017
5	黏度-温度曲线、转折温度、析晶比例	旋转黏度计测试法	参考 YB/T 185-2017
6	析晶温度	热丝法、差示扫描量热分析(DSC)	无标准
7	析晶物相	X 射线衍射分析	无标准
8	表面张力	提筒法、座滴法	无标准
9	烧结性能	烧结粒度筛分法	无标准
10	熔化速率	熔滴法	无标准
11	炭质材料分散性	沉降及黏度法	无标准
12	析晶速度	热丝法	无标准
13	综合传热性能	水冷探头浸入法	无标准

一、熔化温度

熔化温度是保护渣性能重要的评价指标，合适的熔化温度可保证钢液面上具有合适深度的液渣池，为坯壳与结晶器壁间的渣膜形成提供液渣，并保证适当的渣耗量。

由于连铸现场使用的保护渣是各种原料的复杂混合物，即使基料经过预熔均匀化处理，受到预熔原料粒度及冷却条件影响，预熔料成品亦难以达到完全均匀化，因此没有固定的熔化温度，成品保护渣通常具有特定的熔化温度区间。因此，一般可采取塞格锥法或半球点法等测试保护渣的熔化特性，并对比评价其熔化温度。由于半球点法制样简便，重复性好，目前大多采用此法测试保护渣半球点熔化温度，以替代保护渣熔化温度。由于连铸现场使用的工业保护渣均配有一定含量的炭质材料，以控制渣剂的烧结、熔化特性，对保护渣的熔化过程有一定影响，因此在半球点熔化温度检测时，对于渣样是否配炭，需区别讨论。一般将

工业应用保护渣烧炭后制样测试半球点熔化温度。

半球点法测试保护渣熔化温度的实验系统由光源、炉体、送样管、控制柜、电脑等部分组成。图 2-2 所示为半球点熔化温度测试仪的炉体部分。由于测试过程要求升温速率较快且均匀，一般使用铂铑丝为加热体的电阻炉，铂铑丝缠绕至炉管上后，炉体高温带较长，温度均匀且不需要惰性气氛保护。检测前需使用高纯标样，如硫酸钾和氟化钠等，在不同温度段校正、补偿试样温度。半球点熔化温度测试相关参数及标准见表 2-2。

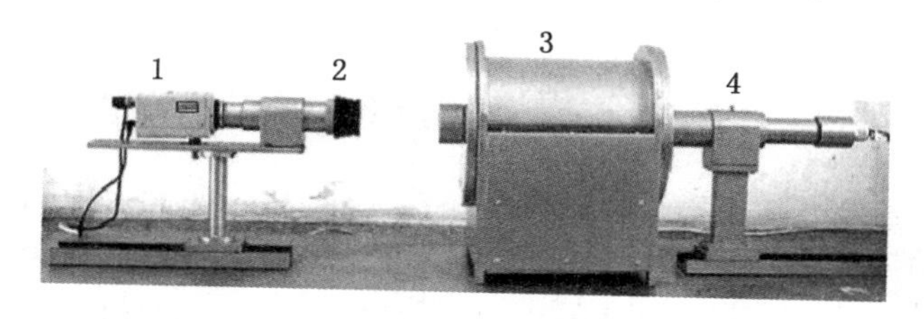

1—图像采集系统；2—镜头；3—铂铑丝加热体电阻炉；4—送样管(在炉体内)及轨道。

图 2-2　保护渣半球点熔化温度测试仪炉体

表 2-2　半球点熔化温度测试参数及标准

测试方法	原位形变法
样品形状	Φ3 mm×3 mm 圆柱体
试样成形方法	无水酒精或水＋糊精压模制样
试样处理	100～150 ℃烘干
升温速率	25 ℃/min
测试气氛	空气、氧化性气氛
试样垫片	刚玉
发热体种类	铂铑丝
特征温度	半球点熔化温度
温度记录方法	计算机自动成像记录

测试前，需将保护渣样品磨细，直至试样全部过 200 目筛，以免造成测试样成分及组成与原渣不符。将样品粉末制成 Φ3 mm×3 mm 的圆柱样，测试时将预先烘干(100～150 ℃)的圆柱样以一定速率(一般为 25 ℃/min)加热。如图 2-3 所示，将圆柱体高度下降至原高 75%时的温度记为开始熔化温度，高度下降为原高 50%时的温度记为半球点温度，高度下降为原高 25%时的温度记为流动性温度。以半球点温度作为保护渣的熔化温度，而开始熔化温度和流动性温度数据则可间接评价渣样的熔化过程。

二、烧结特性及熔化速率

保护渣并非纯物质，而是多种物质的机械混合物。因此，在加热升温过程中，保护渣微区低熔点物质将率先熔化生成液相。在升温过程中，如果大量低熔点物质出现宏观偏聚，将增强保护渣的烧结倾向，造成分熔现象，即熔点较高的微粒不能及时熔化。通常可将保护渣

(a) 渣样开始熔化温度对应形貌

(b) 渣样半球点温度对应形貌

(c) 渣样流动温度对应形貌

图 2-3 保护渣半球点熔化温度测试仪炉体

样制成一定厚度和直径的圆饼，并加热熔化，测试熔化是否均匀，是否有分熔现象。在实际连铸生产过程中，烧结倾向过强容易恶化结晶器液面上保护渣固渣层的保温性和透气性。烧结倾向过强也可导致结晶器渣圈过度发达、渣条增多，引起润滑问题。同时，保护渣烧结倾向过强还可影响液渣池的厚度和稳定性，进而影响液渣流入结晶器壁与坯壳间缝隙的过程和生成的固、液渣膜的结构及性能。因此，保护渣烧结特性是评价保护渣性能的重要指标之一。

由表 2-1 可知，目前对保护渣烧结性能的测试无检测标准，一般将保护渣在不同温度保温处理后，采用筛分的方法，确定烧结部分的重量比，以此评价不同温度下保护渣的烧结倾向。由于保护渣烧结受基料颗粒微区液相生成的影响，其本质是加热过程中的动态非平衡转变。因此，保护渣开始烧结温度、烧结速率、微区液相生成速率等指标对揭示和调控烧结过程极为重要，但是目前没有合适方法对上述指标进行检测评估。

目前，对保护渣烧结特性的检测研究还相对不足，缺乏准确且简便可行的评价手段。在前人的研究中，也有研究者使用压差法测试开始烧结温度或直接实验检测不同条件下保护渣的宏观烧结率，定性对比评价各保护渣的烧结倾向[13]。由于保护渣烧结的本质是基料颗粒微区分熔，低熔点液相提早或大量聚集生成，导致熔化不均匀，因此检测和评价升温过程中保护渣微区低熔点液相的生成信息才能最准确揭示保护渣烧结行为和调控机制。

由保护渣烧结机制可知，实时检测或评价升温烧结过程中低熔点液相的生成指标，是评价烧结性能最有效的方法。据此，作者提出了使用应力-应变数据评价保护渣烧结特性的方法。在加热过程中，当保护渣颗粒微区有低熔点液相生成或出现软熔时，颗粒间的接触由硬接触变为软接触，在外加压应力的作用下，体系将发生体积应变。当保护渣测试样品量一定时，微观区域的体积应变将累积为宏观可测的体积应变。图 2-4 及图 2-5 分别为应力-应变法检测系统的示意图及对应的实物。测试时，将一定量的保护渣样品放入石墨坩埚中，加盖石墨片后，使用石墨压头施加恒定或者可变的压应力。当系统达到稳定后，在真空或保护性气氛中，以 2～5 ℃/min 的速率升温，记录下压头下移数据及对应温度，计算实验过程中体积应变与温度的关系。

为确定应力-应变法检测保护渣烧结特性的可行性，选取典型保护渣样进行了验证实验。实验选取现场应用的典型低碱度保护渣，低温烘干去除游离水后，将 300 g 渣样装入石墨坩埚，加盖石墨板后施加 0.2 MPa 压力。系统稳定后开始记录压头位移数据，并在惰性气氛中以 2 ℃/min 的速率加热，检测得到的温度-应变比率曲线见图 2-6 所示。

图 2-6 中，体积应变比率为计算得到的不同温度下，样品压缩后体积与原始体积之比。

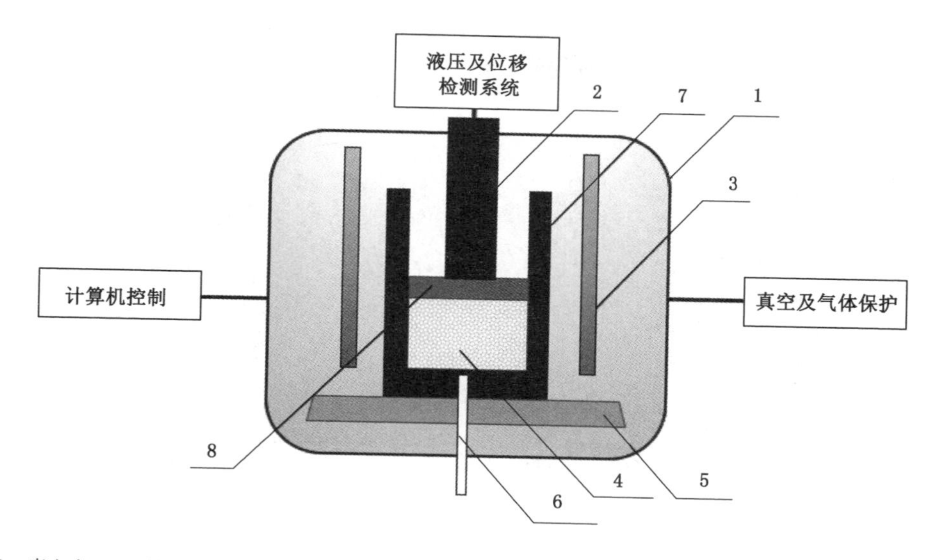

1—真空室；2—石墨压头；3—加热元件；4—保护渣；5—基座；6—测温热电偶；7—石墨坩埚；8—石墨板。

图 2-4　应力-应变法检测保护渣烧结特性系统示意图

图 2-5　应力-应变法检测保护渣烧结特性系统

由图 2-6 数据可知，体积应变开始温度和应变大幅度增加温度分别在 605 ℃和 645 ℃左右，提示烧结开始温度与烧结大规模发生的温度分别为 605 ℃和 645 ℃。为验证上述两个温度数据的准确性，将低温烘干去除游离水的保护渣样装入不锈钢管中，钢管两端以硅酸铝纤维和炭粉隔离固定，营造结晶器液面附近的还原性气氛条件，将装有保护渣样的钢管在 600 ℃、640 ℃和 655 ℃分别保温 10 min，钢管空冷后取出处理后的渣样，得到渣样的宏观形貌如图 2-7 所示。从渣样形貌可知，600 ℃处理后渣样宏观形貌没有明显变化，烧结还未

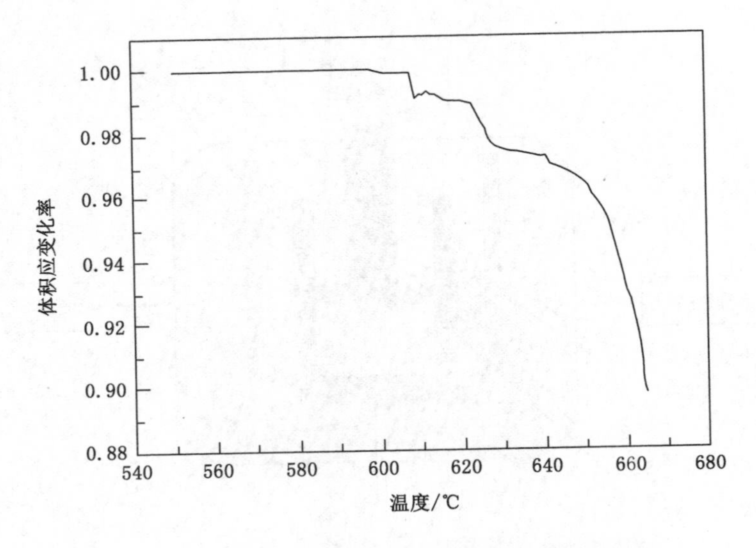

图 2-6　典型低碱度保护渣的温度-体积应变比率曲线

开始[见图 2-7(a)]；640 ℃处理后，可见部分渣块生成，烧结现象开始出现；当温度上升至 655 ℃时，保温 10 min 后的渣样中有大量团块生成。验证实验说明，本实验条件下，烧结大规模发生温度在 640～655 ℃间，与应力-应变实验得到的保护渣大规模烧结开始温度为 645 ℃吻合，得到的数据准确。同时，重复性验证结果均较好。

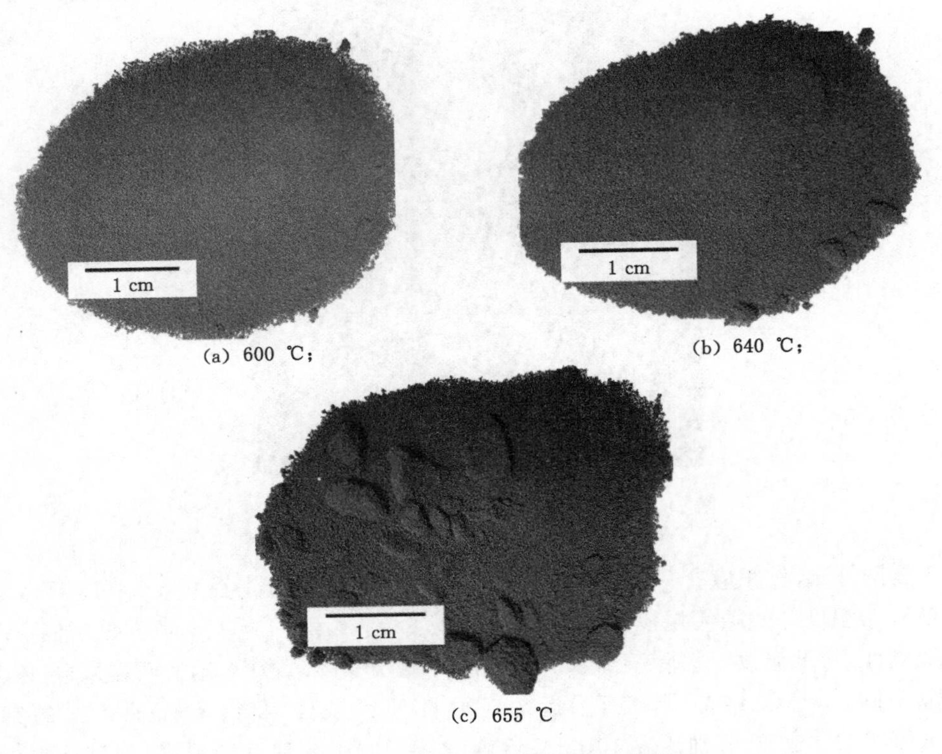

(a) 600 ℃；　(b) 640 ℃；　(c) 655 ℃

图 2-7　不同温度处理后保护渣宏观形貌

保护渣熔化速率直接影响钢液表面液渣池深度，过快或过慢的熔化速率均会影响连铸过程的稳定性，不适宜的熔化速率可造成渣圈过度发达、液渣供给不足等问题。保护渣熔化速率的测试一般采用熔滴法，检测一定温度下单位时间单位面积内保护渣的熔化量。

在不改变保护渣成分和原料组成的条件下，可通过改变保护渣配炭模式及配炭量，达到调整保护渣的烧结特性和熔化速率的目的。炭质材料在保护渣中起骨架隔离作用，可在一定范围内隔离保护渣微粒，避免保护渣微粒在加热过程中相互接触，同时也避免低熔点液相大量积聚熔合发生偏聚、分熔，从而控制保护渣烧结特性及熔化速率。

炭质材料的加入量及种类可直接影响保护渣的熔化速率。保护渣加入结晶器内后，部分炭质颗粒会被结晶器液面附近的气氛（氧气或二氧化碳）氧化，炭质材料的氧化燃烧特性和其内部微结构不同时，保护渣熔化速率会有显著差异。表 2-3 为常用炭质材料开始氧化温度及比表面积。一般而言，炭黑类材料比表面积比石墨类表面积大，相同质量的炭黑比表面积较大，能更有效地充当骨架材料隔离保护渣基料微粒。但炭黑的着火点较低，容易被气氛氧化燃烧而失效。因此，通常将炭黑类与石墨类炭质材料合用，增强控制烧结与熔化速率的效果，同时降低成本。除了配炭模式及配炭量影响保护渣烧结和熔化特性外，保护渣生产加工过程中的工艺参数控制，如球磨参数、水磨制浆稳定性等，可显著影响炭质材料分布的均匀性，从而影响保护渣的烧结、熔化特性。

表 2-3　常用保护渣炭质材料开始氧化温度及比表面积

名称	细石墨	土状石墨	南江石墨	槽法炭黑	中超炭黑	半补强炭黑
开始氧化温度/℃	大于 500	大于 500	大于 500	376	434	～516
比表面积/($m^2 \cdot g^{-1}$)	～6.7	—	—	95～125	100～140	～30

由于未燃烧消耗的炭质材料在保护渣熔化后会在液渣池上部聚集，形成富碳层。在连铸过程中，富碳层的存在可造成钢水的增碳，对硅钢、IF 钢等碳含量要求严格的钢种连铸产生危害。为解决钢水增碳问题，众多研究者就传统炭质材料的替代品进行了大量研究，先后提出将碳化硅、氮化钛等作为骨架隔离材料，但由于熔渣与骨架材料的润湿性等因素，并未大规模现场应用，目前仍以炭质材料为主，控制保护渣烧结、熔化过程。因此，重庆大学王谦等人基于保护渣矿物原料加热过程中相变吸热的原理，设计添加组分使保护渣加热过程中吸热量增大，以控制保护渣熔化速率。设计开发的成品保护渣大幅度降低了炭质材料的使用量，并成功降低了低碳钢板坯连铸的增碳量。但是，随着超低碳钢等品种的发展，连铸对上述品种钢增碳的容忍程度进一步降低，如何在进一步控制和减少炭质材料加入量前提下，充分发挥其控制烧结和调节熔化速率的功能，或者开发不易增碳的骨架隔离材料，是突破超低碳钢连铸瓶颈的重点。

三、高温黏度及黏度-温度特性

钢液面上的液渣在流入坯壳与结晶器壁间的缝隙后，靠近高温坯壳一侧形成液渣膜，起到润滑初生坯壳的作用。因此，保护渣的黏度特性直接影响液渣的流入消耗和液渣膜的润滑特性。黏度是评价保护渣性能极为重要的指标，过大或过小的黏度都可引起连铸过程不稳定现象的出现。黏度过大时，可引起保护渣消耗量减少，液渣流入结晶器壁与坯壳间缝隙减少，同时也可造成液渣膜黏度过大，共同导致坯壳润滑不良；当黏度过小时，容易造成保护渣消耗量过大、不均，引起铸坯表面凹槽、凹坑等缺陷。根据连铸钢种、铸坯断面尺寸、拉速等的不同，应选取适合的保护渣高温黏度范围。

一般而言，保护渣高温黏度指 1 300 ℃时保护渣液渣的黏度，通常使用带石墨或金属钼的圆柱体旋转黏度计检测。检测时，将高纯石墨或金属钼的圆柱体浸入盛有保护渣液渣的石墨坩埚中，通过检测连接圆柱体的钢丝（吊丝）扭矩，计算保护渣黏度。测试前，需根据测温热电偶与坩埚内熔渣温度之差校正温度，要求上述温度差小于等于 10 ℃，并根据差值修正系统检测温度。测试过程中，为保证检测数据准确，圆柱体插入液渣后，下沿距坩埚内底应大于等于 1 cm，圆柱侧面距坩埚内壁大于等于 1 cm，圆柱体上沿距坩埚内熔渣液面 1～1.2 cm。

同时，由于保护渣为硅酸盐或铝酸盐体系，温度对液渣黏度影响明显，并且降温过程中黏度的变化规律可以间接定性判断保护渣的结晶性能，因此黏度-温度曲线广泛应用于评价保护渣黏度及结晶特性。二元碱度较高的保护渣高温黏度较小，结晶性能较强，其黏度特性表现为随温度降低变化不明显，直到温度低于某点后，黏度迅速升高，迅速凝固；二元碱度较低的保护渣黏度相对较大，结晶性能较弱，其黏度随温度降低逐渐增加，凝固温度区间较宽。

使用圆柱体旋转黏度计检测得到的保护渣典型黏度-温度曲线如图 2-8 所示，温度高于初晶温度时，随着温度降低，液渣高温黏度上升不明显，当温度低于某一值后，液渣黏度迅速升高。降温过程中，液渣黏度明显上升时的温度称为转折温度 Tbr(break temperature)，是评价保护渣性能的重要指标。图 2-8 为典型结晶性能较强保护渣的黏度-温度曲线，当温度降至转折温度附近时，初晶析出使液渣成为固-液混合物，造成液渣黏度迅速升高。当液渣玻璃性较强时，熔渣高温黏度主要受硅酸盐网络复杂程度影响，一般随温度降低缓慢升高，当液渣碱度较低时，转折温度可能消失。因此，可以从黏度-温度曲线细节特征间接推断保护渣结晶特性和凝固温度。

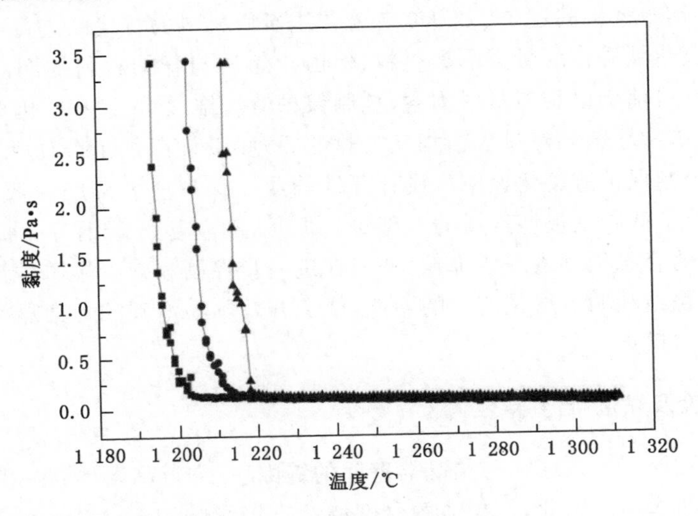

图 2-8　保护渣典型黏度-温度曲线

但是，通过研究发现，特定成分和条件下的熔融保护渣可呈现出非牛顿流体的特性，即其剪应力与剪切应变率之间呈非线性关系，旋转黏度计检测熔融保护渣黏度时，检测值可能随着测头转速增加而减小。非牛顿流体保护渣具有剪切变稀的特性，表明实际连铸过程中，结晶器振动等参数可能影响液渣膜的黏度特性，即保护渣液渣膜对坯壳的润滑机理还未完全明确，单纯使用匀速旋转探头检测得到的高温黏度大小已不是评价液渣膜润滑特性的最可靠标准，需考虑剪切变稀等因素。虽然近年大量学者致力于揭示保护渣的非牛顿流体特性和形成机理，但是大部分研究具有一定局限性。到目前为止，还没有非牛顿流体保护渣大规模生产现场成功应用的报道。

四、结晶性能

保护渣结晶特性是评价其冶金性能的重要指标，结晶特性一般包括晶体种类、晶体形貌、晶体析出温度、析出量等。由于保护渣在连铸过程中的凝固行为属于非平衡凝固，冷却速率对保护渣凝固结晶特性影响明显。而液渣实际冷却速率受众多因素共同影响，因此为了统一标准，一般在相同条件下，将一定量的液渣倒入铁质容器空冷，对比不同成分空冷固渣断口中晶体的形貌及所占宏观体积比例，定性对比评价保护渣结晶特性的差异。图 2-9 即为液渣空冷断口典型宏观形貌及典型晶体(枪晶石)的微观形貌。

(a) 宏观断口形貌

(b) 微观形貌（背散射电子像）

图 2-9　液渣空冷断口典型宏观及微观形貌

析出结晶的种类通常在一般制样后使用 X 射线衍射检测。保护渣凝固结晶过程的检测一般则使用差示扫描量热法(DSC)、热丝法(单丝法及双丝法)或高温共聚焦等小样品量测试方法。如图 2-10 所示，为高温共聚焦激光显微镜观察到的坩埚内熔融保护渣液面全视野内的凝固结晶过程。但是，小样品量测试同时存在一定的问题。如降温凝固过程中，熔渣含氟组分挥发造成的检测结果偏差等。因此，本书后续将通过获取不同凝固时间下的固渣膜，间接评价、研究晶体在固渣膜中的结晶行为。

五、表面(界面)张力

在连铸过程中，熔渣表面(界面)张力在保护渣对浸入式水口渣线的侵蚀、液渣膜对初生坯壳的浸湿润滑、弯月面弧形凝固壳的生成以及保护渣骨架隔离材料与液渣的润湿、分离特性等方面有重要影响。理论上可使用座滴法、提筒法、悬滴法等方法检测熔渣表面张力数据。目前，一般采用座滴法检测熔融保护渣与特定材质垫片间的静态润湿角，以研究保护渣

（a）完全熔融渣样

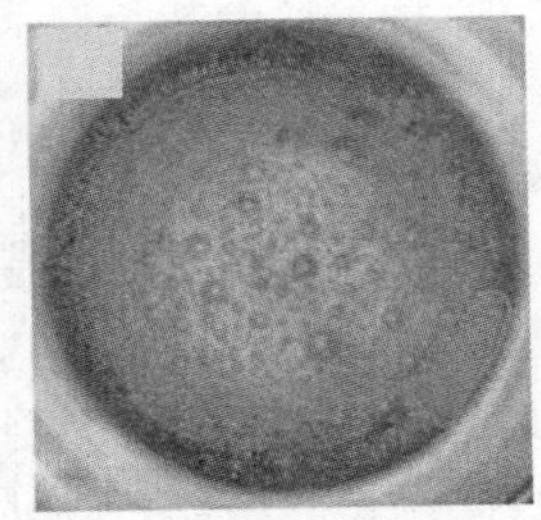

（b）开始结晶
（坩埚内自由液面晶体面积比例约为5%）

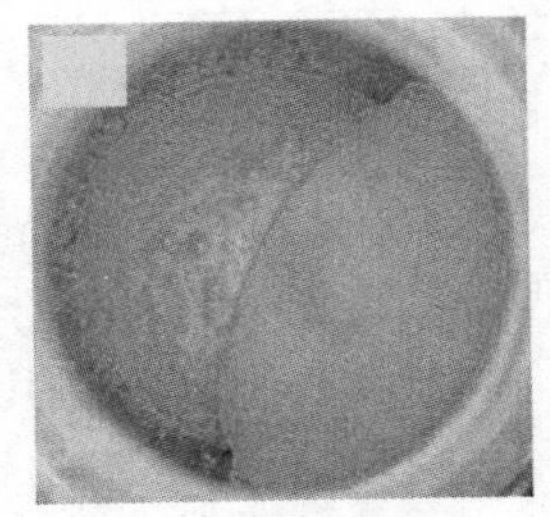

（c）晶体持续凝固生长
（坩埚内自由液面晶体面积比例约为50%）

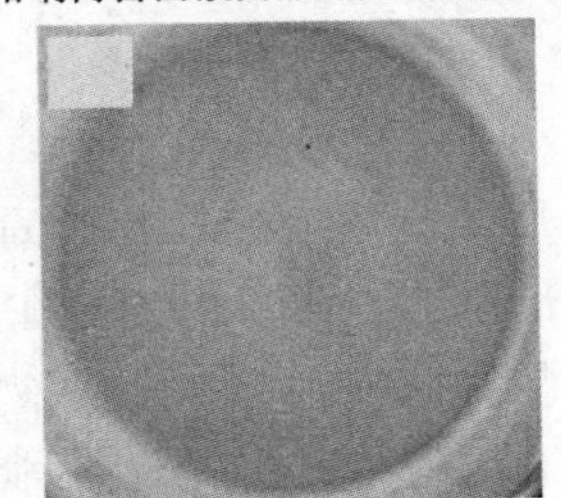

（d）坩埚内自由液面晶体
面积比例达到95%以上

图 2-10　使用高温共聚焦激光显微观察到的保护渣凝固结晶过程

与特定钢种或耐火材料间的界面特性和润湿性。座滴法与前述半球点法检测保护渣半球点熔化温度实验的基本原理类似，但是过程控制和制样有明显区别。由于高温下空气气氛中的氧可与金属垫片反应，也潜在影响熔体的表面张力，因此座滴法检测熔渣润湿性参数时，需要进行严格的气氛保护。因此，实验过程中使用的高纯氩气需要二次净化脱气脱水处理。

由于保护渣为非均相的混合物，为使实验结果更具代表性，一般将保护渣高温熔清后激冷，尽量避免渣样非平衡凝固造成微区成分偏聚，并将激冷凝固后的渣样制成 Φ3 mm×3 mm 的圆柱体待用。由于垫片的粗糙度可能影响熔渣与垫片的接触润湿，因此垫片制样时需考虑表面粗糙度。通常，垫片试样的粗糙度 R_a 需打磨至小于 700 nm。

第三节　包晶钢连铸的特点及对保护渣性能的要求

包晶钢指钢液在凝固过程中，发生包晶转变的钢种，即高温铁素体向奥氏体的转变。上述两相转变时会发生明显的体积收缩，当冷却速率过大，或者初生坯壳冷却不均匀时，会造成初生坯壳组织应力过大，在连铸过程中易引起铸坯表面纵裂缺陷。在实际连铸过程中，当钢中碳含量在 0.08%～0.16%时，连铸坯表面裂纹敏感性最强。一般而言，板坯连铸包晶钢时，铸坯纵裂敏感性比方坯连铸更强，这是由于板坯结晶器弯月面附近温度不均匀性较方坯连铸更明显，很大程度上加剧了板坯坯壳的裂纹敏感性。目前为止，避免包晶钢连铸坯表面纵裂最有效的方法是控制弯月面附近初生坯壳向结晶器的传热[22-27]。

一、固渣膜控制传热性能的要求

前人通过大量生产现场实践发现，降低结晶器热流密度，使初生坯壳缓冷，可明显降低连铸坯表面纵裂产生的概率。Hiraki 等人统计调查了大量生产现场数据，发现保证不同钢种铸坯表面质量的临界热流密度区别较大[28]。如图 2-11 所示，低碳钢保证铸坯表面质量的临界热流密度约为 2.7×10^6 W/m²，而发生包晶反应的中碳钢对应的临界热流密度则为 1.7×10^6 W/m²，比低碳钢热流密度临界点低得多，表明控制坯壳向结晶器壁的传热过程是保证中碳包晶钢板坯表面质量的有效途径。

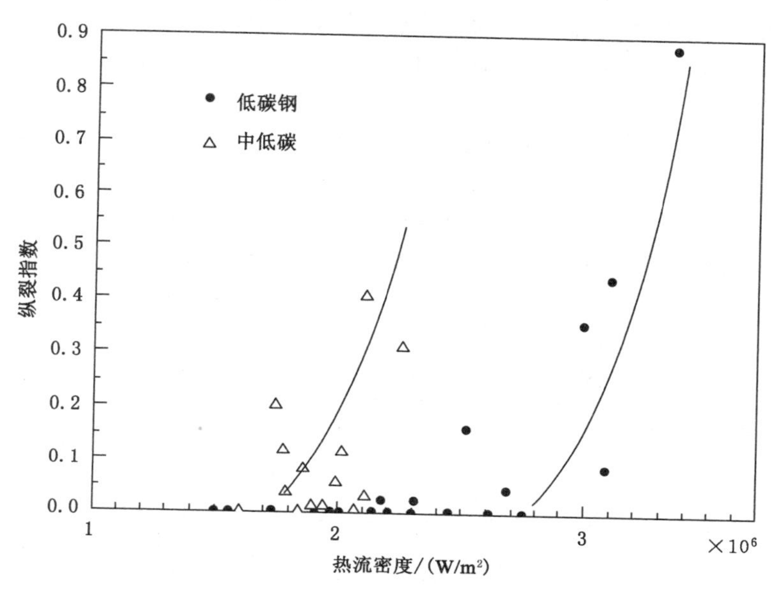

图 2-11　低碳钢与中碳钢板坯连铸时，铸坯表面纵裂指数与热流密度的关系[28]

基于以上原因，现行包晶钢板坯连铸工艺的侧重点是控制初生坯壳向结晶器壁的传热。为了控制和均匀初生坯壳向结晶器壁的传热，避免纵裂等缺陷的出现，前人进行了大量的研究探索，提出了众多工艺手段控制传热。如提出了热顶结晶器，即在结晶器上部铜壁表面涂镀导热系数较小的涂层控制传热[29-31]。但在连铸过程中，低导热系数涂层的磨损、剥落等问题没有彻底解决，到现在为止没有大规模工业成功应用的报道。同时，有学者提出在结晶器壁上刻划沟槽，以增加接触热阻的方式控制传热[30]，但到目前为止，也没有大规模工业化应用。除了改进结晶器本身结构的尝试外，也有研究者提出通过降低结晶器总体冷却强度减轻铸坯裂纹敏感性，但同时会大幅度降低连铸生产效率。在保护渣控制传热方面，有研究者试图通过控制固渣膜的相关特性，优化控制传热的手段。例如，有研究者提出可在保护渣中加入一定含量的过渡族金属氧化物，以降低固、液渣膜的红外透光率，减小渣膜辐射传热能力的方法[32-35]，但由于难以适应连铸工艺要求，目前为止也没有大规模工业化应用报道。

为了保证包晶裂纹敏感钢连铸坯的质量，目前通常使用高碱度（二元碱度 1.2～1.4）、高氟含量的保护渣，在结晶器内凝固生成较厚且结晶比例较高的固渣膜控制传热。该类保护渣为 $CaO\cdot SiO_2\cdot CaF_2$ 渣系，凝固析出的主要晶体为枪晶石，其结晶能力和凝固温度均较低碱度保护渣高。基于大量的生产应用数据统计，二元碱度 1.2～1.4 的高碱度、高氟保护渣能有效控制和减弱初生坯壳向结晶器的传热，并在一定程度上降低铸坯表面纵裂发生率。但与此同时，高碱度保护渣具有较高的转折温度和结晶倾向，一般认为，高碱度保护渣的上述特性可能导致坯壳与结晶器壁间的固渣膜过厚，直接导致液渣膜变薄或不均匀，有恶化液渣膜润滑能力的风险。现场数据也发现，使用高碱度保护渣后，虽然可降低纵裂发生率，但铸坯黏结甚至漏钢等概率也大幅度上升。为了在控制传热和润滑铸坯间找到平衡点，只能采用降低连铸拉速，牺牲连铸效率的方法。

为了明确二元碱度 1.2～1.4 的高碱度保护渣凝固渣膜的行为特性，寻找解决包晶钢连铸保护渣控制传热与润滑铸坯间矛盾的新方法。作者使用剔除法，即在原渣的成分基础上，扣除凝固析出不同比例枪晶石对应成分后，测试剩余成分对应液渣的性能。实验发现，该类典型保护渣(成分见表 2-4)液渣凝固结晶析出枪晶石后，剩余液渣由于选分结晶，黏度明显升高，如图 2-12 所示，可明显恶化保护渣液渣膜的润滑功能。因此，目前现行的低拉速工艺路线也可在一定程度上降低铸坯表面所受摩擦力，在一定程度上避免纵裂或黏结、漏钢等缺陷和事故的出现。但是，即使大幅度降低裂纹敏感钢连铸的拉速，使用高碱度、高氟保护渣也无法完全避免纵裂或黏结甚至漏钢等事故的出现。上述情况已经成为目前国内外包晶钢板坯连铸生产的常态[36,37]。

表 2-4　典型 $CaO \cdot SiO_2 \cdot CaF_2$ 基高碱度高氟保护渣成分　　%

编号	CaO	SiO_2	CaF_2	Na_2O	Al_2O_3	MgO	Li_2O	MnO	Fe_2O_3
CSF1	34.38	29.92	14.55	9.79	5.45	2.27	0.40	2.47	0.77
CSF2	30.94	29.54	16.77	10.92	6.72	0.35	0.86	3.29	0.60

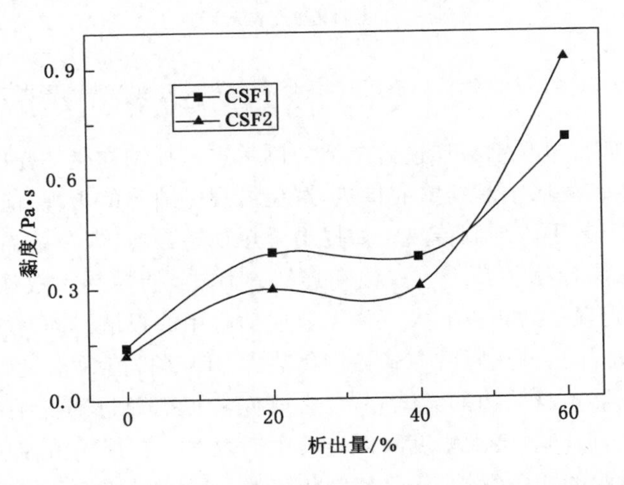

图 2-12　不同比例枪晶石晶体析出后，剩余液渣 1 300 ℃时的高温黏度

随着连铸的发展，尤其是以下情况的出现，使普通高碱度高氟保护渣配合低拉速的连铸工艺流程越发难以满足连铸的发展需求[18,38]。

(1) 目前，新建钢铁联合企业多采用紧凑式布局，造成缺陷铸坯下线堆垛冷却清理场地十分有限，且连铸-连轧与热送热装等工艺流程要求缺陷铸坯不能下线冷却清理，以上发展趋势对无缺陷铸坯生产技术的要求进一步提高，普通高碱度保护渣无法保证裂纹敏感钢铸坯表面无缺陷。

(2) 随着连铸技术的发展，部分品种铸坯向大尺寸、宽厚化发展的趋势明显。但是，铸坯断面变宽之后，结晶器弯月面处温度波动现象更为突出，明显加剧了铸坯表面裂纹敏感性，使连铸裂纹敏感钢时，铸坯无缺陷更难实现。

（3）以恒拉速、高拉速为特征的高效连铸的提出，使保护渣保证润滑和控制传热的矛盾更加突出。

（4）由于宽厚板轧制生产过程中压缩比较小，铸坯皮下裂纹难以通过轧制愈合，容易暴露在成品轧材表面形成缺陷，而二元碱度 1.2～1.4 的高碱度保护渣目前无法较好地解决这一问题。

由于保护渣控制传热的功能主要靠固渣膜实现，因此在包晶钢等裂纹敏感钢连铸过程中，首先需要固渣膜在弯月面区域快速凝固控制传热，并且固渣膜的行为特性不影响液渣膜对初生坯壳的润滑。其次需要在润滑与控制传热两者间寻找平衡点。

二、液渣膜润滑性能的要求

保护渣液渣自弯月面流入结晶器壁与坯壳间缝隙后，靠近初生坯壳一侧的保护渣由于温度较高，一般呈液态，在结晶器振动和拉坯过程中，对初生坯壳起到液态润滑的作用。如果液渣膜过薄、不均匀或黏度较大，均可能导致坯壳局部摩擦力过大，引起坯壳与结晶器黏结甚至漏钢等事故。

由前面的论述可知，目前应用的普通高碱度包晶钢连铸保护渣在润滑铸坯和控制传热方面难以满足以上要求，保护渣保证润滑和控制传热功能的矛盾日益凸显。为了从根本上解决以上矛盾，弄清保护渣固、液渣膜行为特性，探究固渣膜凝固结构演变及控制传热的机理成为目前连铸保护渣研究的重点。

第三章　固渣膜的获取及结构评价手段

第一节　固渣膜的冶金作用及结构研究现状

保护渣控制和均匀传热的功能主要由坯壳和结晶器壁间的凝固渣膜实现，固渣膜控制传热的性能由其结构决定。在以往的研究中，一般着重研究保护渣的结晶能力、结晶种类、转折温度、熔点等宏观特性。在连铸生产过程中，前人结合大量生产数据、现象和对应保护渣的宏观性能（结晶种类、结晶能力、熔化温度、高温黏度、转折温度等），经验性、趋势性地评价保护渣成分与结晶器内凝固渣膜结构参数的关系，并推断渣膜微结构对控制传热特性的影响[39-47]。但是，通过检测结晶器内获取的固渣膜发现，固渣膜结构异常复杂，包含固渣膜厚度（生长速率）、晶体比例、晶体种类、晶体分布、闭孔率、闭孔分布及固渣膜冷面（与水冷铜壁接触）形貌和粗糙度等，并且上述结构受液渣冷却条件影响明显。因此，如何获得与生产现场结构相仿的固渣膜，是研究保护渣成分-固渣膜结构-固渣膜性能三者之间关系的重点。

为了获取与连铸生产现场结构近似的固渣膜，前人进行了大量相关研究，尽力还原和模拟连铸结晶器内保护渣的冷却凝固条件，获取特定结构的固渣膜。但由于结晶器内冷却条件复杂，受影响因素众多，前人设计了不同的实验方法获取渣膜凝固行为特性和其传热性能，具体可分为以下几类。

(1) 使用高温原位法直接观察、检测保护渣的结晶过程。目前采用较多的是高温热丝法和高温激光共聚焦法直接观察保护渣的凝固行为特性[48-50]。热丝法使用双铂铑热电偶作为测温元件的同时，也作为加热元件，且其检测试样量很少，因此其加热和冷却速率范围很大。热丝法分为单丝法和双丝法，单丝法使用单支双铂铑热电偶，将渣样放置在热电偶测温点前两根电偶丝间缝隙中，使用体式显微镜观察渣样熔化升温过程和降温凝固结晶特性。与单丝法不同，双丝法使用两支双铂铑热电偶单独控温，将渣样放置在两支热电偶测温点间，因此可以实现不同的温度梯度，使试样在降温过程中单向凝固，模拟结晶器内渣膜单向凝固过程。同样，可以使用高温激光共聚焦显微镜原位观察保护渣降温过程析晶特性，高温激光共聚焦显微镜实验过程中，渣样升降温速率快，且渣样温控准确。

上述热丝法和高温激光共聚焦法由于试样量少，加热和冷却速率较快，可较准确控制试样温度，获得凝固结晶较准确的数据和图像信息。但是，与钢铁冶金其他常见渣系不同，为了调整连铸保护渣的高温黏度，一般会加入一定含量的氟化物。在高温熔融状态下，氟容易以 NaF、SiF_4、AlF_3等形式挥发逸出，当熔融渣量较小时，液渣比表面积较大，高温熔融保护渣中氟化物的挥发可能对试样成分及实验结果产生较大干扰。因此，当采用样品量较小的测试方法，如高温 XRD、DSC、热丝法及高温激光共聚焦显微镜研究保护渣凝固和结晶行为时，均存在上述问题[51,52]。朱礼龙等人测试了典型连铸保护渣不同液渣保温温度和不同降温速率下，使用热丝法时测试渣样的挥发量，结果如图 3-1 所示[51]。由图可知，液渣温度越高，降温速率越小，熔渣的总挥发量越大。相关实验检测表明，所有测试渣样的总挥发量都超过了总质量的 9%。虽然有学者提出了避免挥发的措施，如在高温激光共聚焦实验中，将铂金坩埚加盖（透明石英质）减少挥发；或在炉膛内同时熔化一定量相同成分的保护渣，使上述熔渣中的氟化物大量逸出至炉膛气氛，以此减少待测试样的挥发量，但也存在一定缺陷。

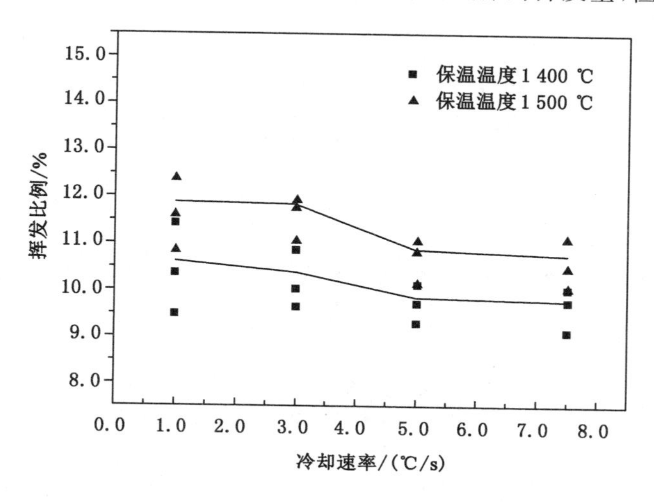

图 3-1　不同保温温度、不同降温速率下保护渣总挥发量[51]

（2）模拟结晶器内渣膜初始凝固过程，使用通水冷却的铜探头（cold finger, cold probe）浸入熔融保护渣，凝固获取固渣膜。同时，利用进出探头冷却水的温差和流量，计算依附在探头上固渣膜的热流密度。为了提高探头系统的刚度，并便于水冷探头的加工制造和内部热电偶安装，一般使用尺寸较大、宽厚比较小的探头（典型尺寸为 35 mm×20 mm×20 mm）[53-55]。宽厚比较小的水冷探头插入液渣后，二维冷却效应将影响凝固渣膜的结构，明显地与固渣膜同结晶器壁接触时的一维冷却不同。同时实验发现，当保护渣结晶性能较强时，使用前述大尺寸小宽厚比探头获取的固渣膜厚度均匀性较差[54]。如图 3-2 所示，使用传统大尺寸水冷探头获取凝固渣膜，当液渣温度不同时，获取的固渣膜厚度无明显统计学上的差异，并且相同条件下获得的渣膜厚度也极为不均匀，这使得固渣膜不同区域结构代表性变差，难以分析固渣膜生长过程中渣膜结构的演变规律。同时，由于通用的电阻炉加热和维持液渣温度恒定的能力有限，大尺寸水冷铜探头总体冷却强度较大，探头浸入液渣后，容易出现短时间液渣温度波动过大的现象，同时使获取的热流密度数据重现性不理想。

（3）使用红外射线法（infrared emitter technique，简称 IET）研究靠近结晶器铜壁一侧，玻璃体固渣膜的脱玻璃化结晶过程和传热性能[56-59]。该方法将保护渣液渣淬冷并制样，制成玻璃态固渣膜并放置在嵌入热电偶的水冷铜板上，利用红外发射源照射固渣膜一侧，将热量以辐射传热的方式传递到固渣膜上表面（空气的传导传热和对流传热可忽略不计），通过实时检测水冷铜板中布置的热电偶温度信号，计算得到固渣膜在脱玻璃化结晶过程中的传热性能，实验系统如图 3-3 所示。

该系统在实验过程中，通过固渣膜表面传递到水冷铜板的热量基本全部来自辐射传热（空气作为介质的传导及对流传热可忽略不计）。除了部分辐射热量被固渣膜表面反射而未

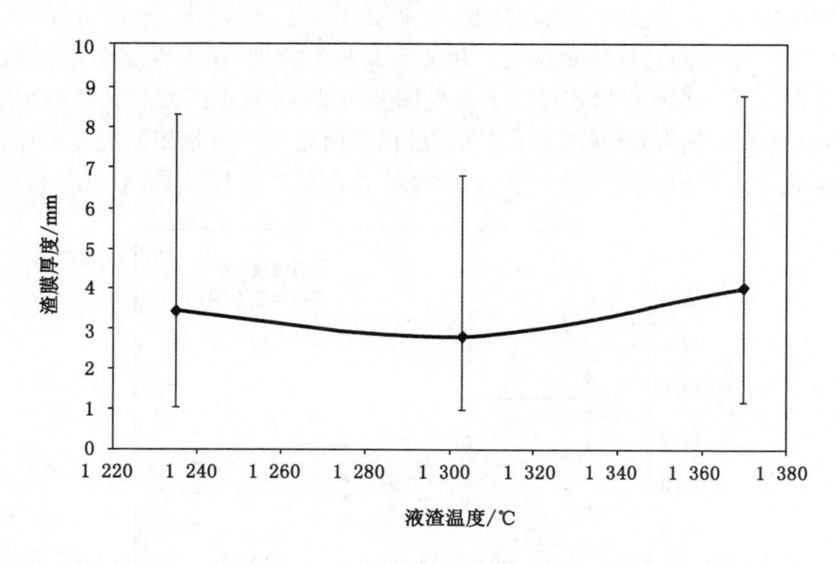

图 3-2 大尺寸水冷探头在不同液渣温度下获取碱度 1.1 保护渣的凝固渣膜厚度
(误差条上下端分别为探头宽面获取渣膜的最厚与最薄厚度,探头浸入液渣时间为 200 s)[54]

被吸收外,通过辐射途径传递到渣膜表面的热量,除用于渣膜吸热升温外,其余全部传递至下方铜板。因此,在该系统的实验过程中,固渣膜自身对红外辐射的反射率是渣膜传热过程的限制性环节。

IET 方法从实验原理上剔除了液渣热量传导和固渣膜凝固前沿液渣对流传热的部分,但不可否认的是,在实际连铸生产过程中,固、液渣膜间通过对流和传导方式传递的热量占有不可忽视的比例。目前没有证据证明,在实际连铸过程中,固渣膜对红外射线的反射是总传热过程的限制性环节。此外,实验过程中固渣膜对红外射线的反射率,受众多因素共同影响(如渣膜制样时的表面粗糙度等),且渣膜-铜壁间的界面热阻也与制样密切相关。因此,通过 IET 实验所得到数据较难客观反映固渣膜在结晶器内的实际传热状态。

(4) 采用平板法,模拟结晶器内初生坯壳与结晶器水冷铜壁间的温度差,获得保护渣凝固过程中的热流数据。平板法大多采用铁铬铝等合金作为化渣原件,使用硅碳棒加热。在铁铬铝合金板上加工出圆柱形浅槽,装入待测渣样后,加热合金板至渣样均匀熔化后,使用圆柱形水冷铜板压入合金板浅槽,模拟液渣与结晶器水冷铜壁接触后的凝固过程。但是,平板法对化渣加热元件加热和在实验过程中的升温能力及维持液渣温度稳定的能力要求很高。由于平板法实验过程中测试渣量不大,模拟渣膜厚度也仅为数毫米,在探头浸入液渣后,液渣膜易出现过冷或温度不均匀,使获取凝固渣膜的结构代表性减弱,并且实验系统也较为复杂。鉴于以上原因,平板法目前并没有大规模应用。

(5) 为了避免水冷铜探头冷却速率过大,导致出现渣膜凝固结构代表性不强的问题,本书作者前期利用预热钢棒插入熔融液渣,使晶体依附钢棒凝固析出,采用蘸渣法分离析出晶体的方法[60],并且系统地研究了结晶对不同碱度保护渣凝固后剩余液渣膜性能的影响。由于结晶器壁与坯壳间的渣膜凝固生长具有方向性,随着固渣膜生长变厚,晶体逐渐在固-液渣膜界面析出。晶体的选分结晶可能导致凝固前沿附近液渣膜微区成分和性能发生改变,即使不断有“新鲜”液渣自弯月面流入,稀释上述成分和性能的改变量,但是也无法完全避免

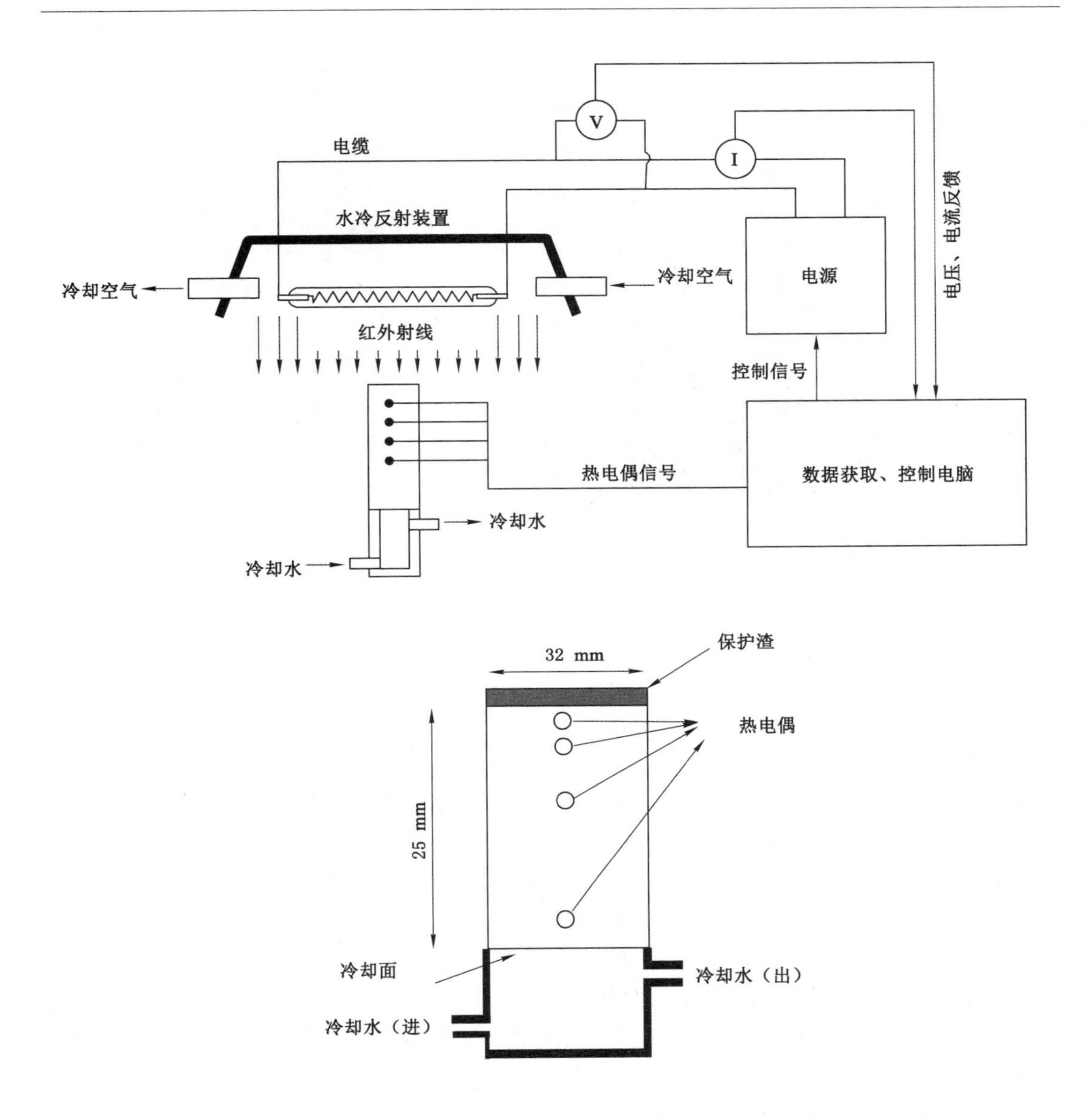

图 3-3　红外射线法检测渣膜脱玻璃化结晶及传热装置意图[58]

微区液渣成分波动，容易影响固渣膜后续凝固及结晶过程以及液渣膜的润滑性能。

基于上述原因，作者使用预热到不同温度的钢棒模拟固-液渣膜的界面温度，将预热到一定温度后的钢棒浸入熔融保护渣，使晶体逐渐依附于钢棒表面析出，不同时间后取出钢棒，即可分离析出晶体和剩余液渣。蘸渣法的实验系统装置及凝固分离的晶体形貌如图 3-4所示。通过蘸渣法实验装置，作者发现普通高碱度保护渣在析出枪晶石（$3CaO \cdot 2SiO_2 \cdot CaF_2$）后，剩余液渣黏度和结晶倾向均有大幅度提升，容易恶化液渣膜的润滑性能，增加黏结及漏钢风险。同时，使用同样的方法评价了超高碱度保护渣凝固结晶后剩余液渣的性能，发现随着枪晶石的凝固析出，超高碱度保护渣剩余液渣玻璃性增强，有利于改善液渣膜对初生坯壳的润滑。

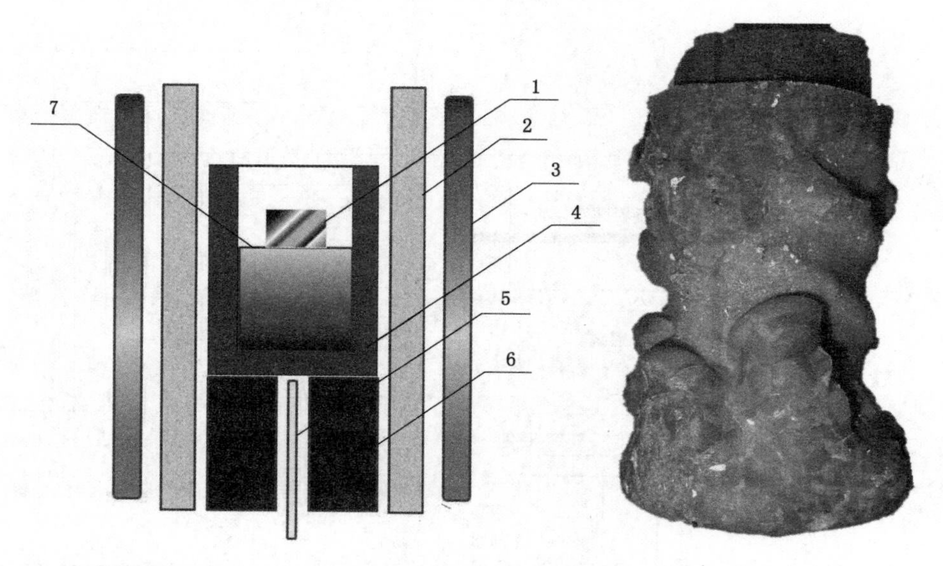

1—钢棒；2—刚玉炉管；3—加热元件；4—石墨坩埚；5—热电偶；6—高铝底座；7—液渣

图 3-4　蘸渣法获取析晶剩余液渣装置示意图

但是，在实验过程中，依附钢棒蘸出的分离物并非全部为枪晶石，部分原渣及凝固玻璃相也会被一起带出分离。此外，由于蘸渣实验所需渣量较大，晶体凝固前沿区域的液渣成分虽然可能有显著变化，但在显著的温度梯度推动下，凝固前沿部分的液渣与离钢棒较远的液渣会发生对流混合。可减小选分结晶对凝固前沿液渣成分改变的影响，导致测试得到的剩余液渣性能变化程度比实际凝固前沿微区液渣性能改变幅度小。同时，由于保护渣冷却条件与结晶器不同，获取的蘸出物的结构无代表性，无法据此推断结晶器内凝固渣膜的结构。由于预热后的钢棒插入温度稳定的液渣后，钢棒对液渣的冷却强度随插入时间的增加而减弱，因此也可以通过在钢棒内嵌入热电偶的方法，研究液渣温度、冷却时间等条件对热流密度的影响。

虽然前期已有大量研究成果试图解释保护渣组成与凝固渣膜结构及其对传热影响三者之间的关系，但是由于连铸过程中影响渣膜结构的因素除成分外，还有冷却条件。由于获取有代表性固渣膜的难度较大，目前对保护渣固渣膜结构演变行为及影响因素还少有研究，对固渣膜微结构演变和控制传热机制、调控手段还没有统一定论。

因此，本书后续将介绍固渣膜获取方法的改进，以及固渣膜典型结构的表征和评价手段。

第二节　水冷探头传热模型及热流密度曲线解析

由于使用保护渣宏观物理性能，如空冷固渣断口结晶比例、转折温度、液渣高温黏度等性能难以推断还原固渣膜在结晶器内的行为状态[59-65]，为了研究方便，目前更倾向于在实验室中获取凝固渣膜，并研究固渣膜的传热特性。为了使获得的固渣膜微结构更具代表性，大多采用模拟液渣在结晶器内凝固冷却条件的方法。其中，加热平板法和使用水冷探头浸入覆盖保护渣的钢液的方法实验过程和系统设备要求复杂，且难以控制及检测不同凝固时间下，生成固渣膜的厚度。相较于上述方法，使用水冷探头直接浸入液态保护渣获取凝固渣膜及热流数据的实验系统设备较简单，易控制，且较容易确定固渣膜厚度而被广泛采用。但如前所述，传统水冷铜探头尺寸较大，总体冷却强度偏大，二维冷却明显，存在凝固渣膜厚度不稳定，结构代表性差等缺点。如何在此基础上改善和避免上述问题，成为研究固渣膜凝固行为特性和传热的前提。因此，这里将系统分析水冷探头浸入液态保护渣获取凝固渣膜和热流数据的过程，分析冷却条件及保护渣物性参数对试验结果的影响，并确定固渣膜导热系数和铜壁-固渣膜间界面热阻的评价方法。

一、解析水冷探头实验获取热流数据的必要性

保护渣在结晶器壁与坯壳间的凝固行为直接影响液渣膜润滑坯壳和固渣膜控制及均匀传热功能的实现，保护渣的凝固过程涉及固渣膜生长增厚、凝固结晶（固-液渣膜凝固前沿液相析晶）、固渣膜脱玻璃化结晶、固渣膜与铜壁接触表面粗糙度的形成、固渣膜内闭孔形成等众多环节。当前广泛采用的保护渣高温黏度、黏度-温度特性及空冷渣块断口结晶比例及特性等的评价方法并不能直接揭示固渣膜的结构特征演变及其对控制传热与润滑铸坯的影响机理。因此，众多研究者更倾向于采用水冷铜探头浸入液态保护渣的方法模拟固渣膜的冷却生长条件，并获取凝固渣膜。采用水冷探头法获取固渣膜时，可通过式(3-1)计算实时通过凝固渣膜的热流密度。

$$Q=\frac{(T_{out}-T_{in})W\cdot C_p}{1\ 000\cdot A} \tag{3-1}$$

式中　Q——获取的热流密度，MW/m^2；

W——通过铜探头的冷却水流量，kg/s；

$(T_{out}-T_{in})$——水冷铜探头出口与进口的冷却水温差，K；

A——水冷探头与保护渣凝固渣膜的接触面积，m^2；

C_p——水的比热容，kJ/(kg·K)。

实验过程中，记录水冷探头浸入液渣后的实时进出水温度和流量，计算探头与保护渣接触面积后，即可计算不同时刻通过固渣膜的热流密度 Q。由式(3-1)计算得到的通过固渣膜的典型热流密度随时间变化的曲线如图 3-5 所示[66]。由图可知，在水冷探头浸入液渣后的几秒内，随着探头浸入时间的增加，热流密度数值快速升高，达到临界峰值后逐渐降低并趋于稳定。同时，Mahapatra 等人计算得到了距离结晶器顶部不同位置处，通过结晶器铜板微区的热流密度[67,68]，如图 3-6 所示，热流的最高处出现在结晶器内钢液面处。虽然图 3-5 与图 3-6 所示热流密度曲线形貌类似，但两者的计算条件及代表的实际过程却明显不同。因此，水冷探头获取的热流密度曲线数据只反映了对应渣膜凝固过程中厚度增长及微结构变化所对应的传热特性，不能使用实验室热流数据直接评价实际连铸过程中结晶器不同部位通过固渣膜的热流特性，两者无可比性。

在结晶器内和水冷探头实验过程中，固渣膜的界面条件和传热状态示意图如图 3-7 所示。由图可知，和连铸过程结晶器内条件相比，在水冷铜探头浸入液渣获取凝固渣膜和热流密度的实验中，固渣膜在液渣中的生长并没有受到空间限制，只是随凝固时间增加直至达到平衡状态，这使得实验室水冷探头获得的固渣膜厚度明显大于结晶器内实际固渣膜厚度。此外，在实验室条件下，保护渣品种、成分差异造成的固渣膜厚度差异也较大。因此，水冷探

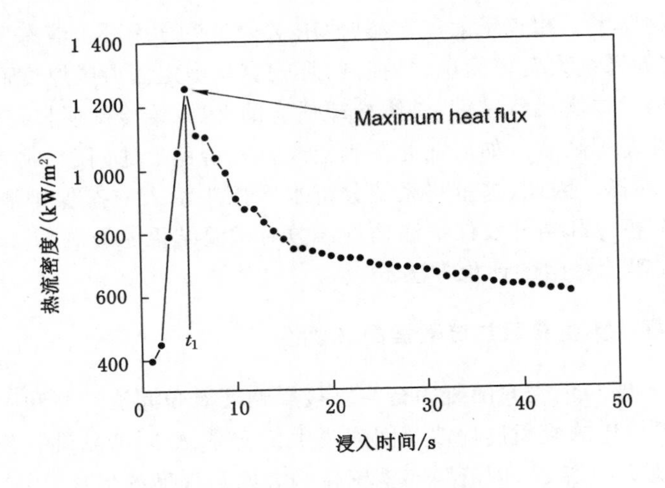

图 3-5　水冷探头浸入液渣后获取的典型热流密度曲线[66]

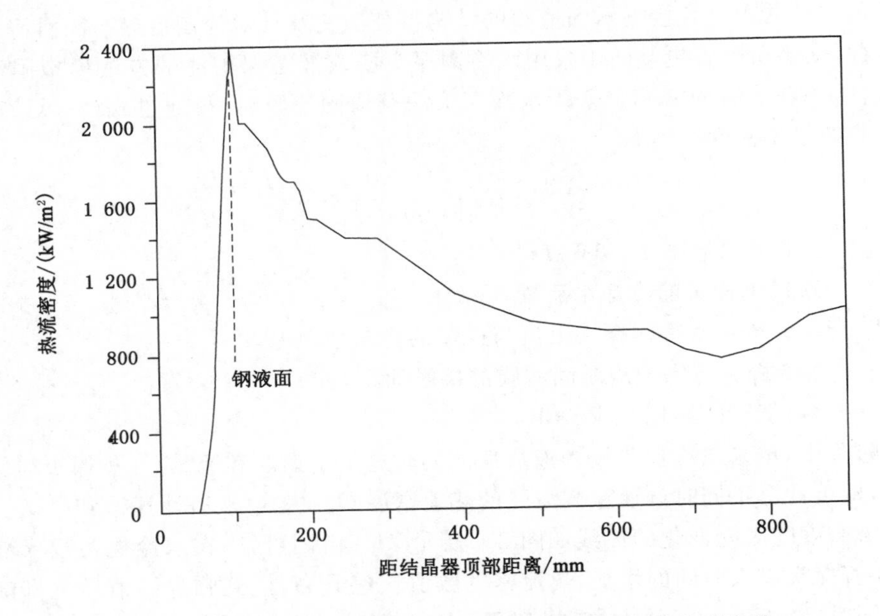

图 3-6　距结晶器顶部不同位置处，通过结晶器铜壁的热流密度

头实验获得的热流密度数据与结晶器内热流密度数据差异较大，需要结合不同实验条件下获得的固渣膜厚度、结晶特性、闭孔率、密度特性、渣膜冷面（与铜壁接触）粗糙度等固渣膜结构参数，综合对比评价保护渣的传热特性。

由图 3-6 可知，在结晶器内，通过水冷铜壁热流密度的峰值出现在钢液面附近，此处温度梯度最大，且固渣膜还未完全形成，热阻较小。随着钢液在弯月面处开始凝固收缩形成初生坯壳，并在结晶器振动作用下向下移动，液渣流入初生坯壳与结晶器壁间的缝隙形成稳定的固渣膜，增大了坯壳与结晶器壁间的热阻，同时坯壳表面温度不断降低。上述原因共同造成通过结晶器壁的热流密度随着离钢液面距离增加而降低。因此，图 3-6 中热流密度达到峰值后逐渐下降，但在结晶器下部，由于锥度等原因，热流密度数值有一定程度的

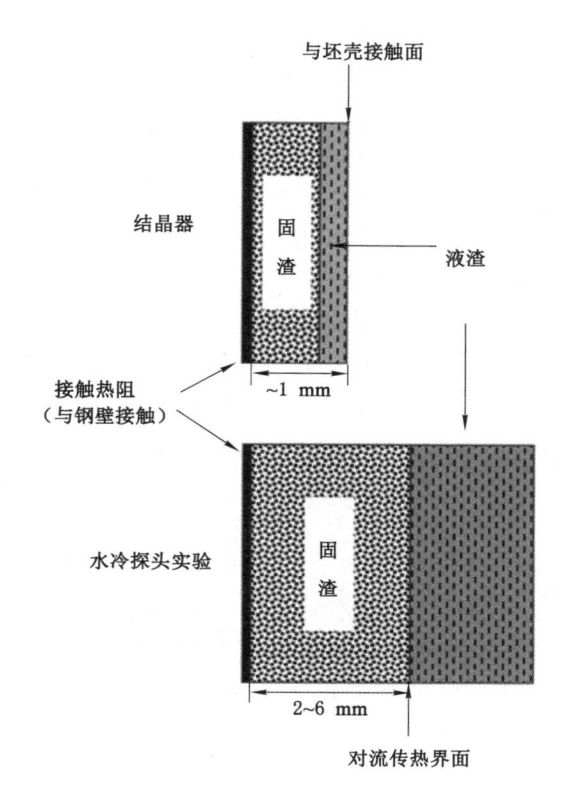

图 3-7　结晶器内和水冷探头实验过程中渣膜状态和界面条件示意图

升高[67,68]。

在水冷铜探头浸入液渣获取热流数据和凝固渣膜的实验中，随着探头浸入液渣时间的增加，凝固渣膜持续增厚，热阻不断增大，最后达到平衡稳定状态。在结晶器连铸过程中，坯壳在结晶器中不断下移，温度不断降低，且固渣膜也以一定的节奏向下移动，因此很难达到实验室条件下的热稳定状态。Assis 等人使用水冷铜探头研究了保护渣的传热特性，发现渣膜凝固达到稳定状态时，固-液渣膜界面的温度接近保护渣的固相线温度[54]。Fallah-Mehrjardi 等人利用强制通气冷却探头研究熔渣对耐材的侵蚀中，也有类似结论[69,70]。因此可以确定，水冷探头实验中，达到稳定状态后，通过固渣膜的热流密度可以用式(3-2)计算获得。

$$Q = h_{\text{flux}}(T_{\text{bulkslag}} - T_{\text{solidus}}) \tag{3-2}$$

式中　Q——热流密度，W/m^2；

h_{flux}——固渣膜与液渣间的传热系数，$W/(m^2 \cdot K)$；

$T_{\text{bulk slag}}$——液渣温度，K；

T_{solidus}——保护渣的固相线温度，K。

由式(3-2)可知，在水冷探头凝固获取固渣膜的实验中，随着时间增加系统达到平衡后，得到的稳态热流密度与固渣膜本身的传热特性无关，即与固渣膜导热系数、固渣膜-铜壁界面热阻并无直接关联。

需要着重说明的是，在连铸过程中，尤其是在弯月面附近，初生固渣膜的凝固生长无法达到稳定状态，初生固渣膜的传热特性必然会直接影响弯月面附近的热流密度及后续固渣膜的生长行为特性(后续章节会详细讨论达到稳定状态前，固渣膜传热特性对热流数据的影响)。这与水冷探头实验中，系统达到稳定状态后，热流密度数据与固渣膜传热特性无直接关联的结论不矛盾。同时，由于水冷探头凝固获取固渣膜时，固渣膜的生长无空间限制，造成实验过程中获取不同成分固渣膜的厚度及固渣膜生长速率差异显著，但结晶器内不同种类固渣膜厚度差异较小。因此，不能使用水冷探头实验获取的稳态热流密度数据直接评价不同保护渣在结晶器条件下控制传热的能力。

如前所述，固渣膜的传热特性会直接影响达到热平衡前通过固渣膜的瞬态热流数据，而且渣膜凝固过程中，热流数据的稳定性也能反映固渣膜结构演变的过程和稳定性。因此，结合不同凝固条件下得到的固渣膜厚度、冷面(与铜壁接触)粗糙度、结晶状态、闭孔率、密度特性等结构信息及演变规律，可以对比评价不同保护渣固渣膜生长过程中的稳定性和控制传热的能力。

二、传热模型

虽然水冷探头实验所得热流数据不能直接评价结晶器内保护渣控制传热的能力，但可以用于分析固渣膜各结构参数对传热的影响。通过建立水冷铜探头凝固获取热流的数值模型，不仅可指导实验参数的设定及设备优化，分析不同实验参数设定对热流数据的影响，最重要的是，可以结合实验获取的固渣膜微观结构，对比评价各结构参数对固渣膜控制传热的贡献度。

建立的一维有限差分传热模型如图 3-8 所示，模型从左至右分别为冷却水、铜壁、凝固渣膜、液渣。所用物性参数与界面参数见表 3-1 至表 3-3。其中，保护渣凝固焓变 ΔH_f、固渣膜导热系数 k_{solid}、探头铜壁-固渣膜界面传热系数 $h_{interface}$、固渣-液渣界面传热系数 h_{slag} 等参数，针对不同成分保护渣和不同凝固条件下获得的固渣膜实际值有差异，因此参考选取有关文献的默认值[17,54,66,72]。

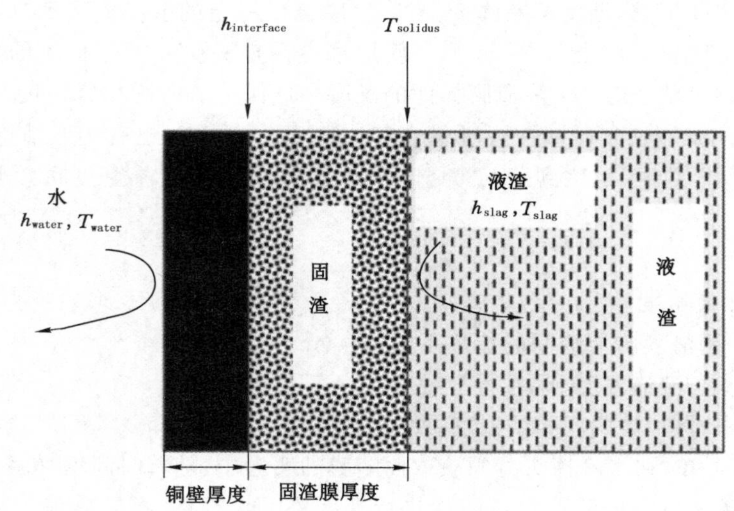

图 3-8 水冷铜探头浸入液渣获取凝固渣膜的模型示意图

图 3-8 中各符号物理意义如下：

h_{slag}——固渣膜与液渣间的传热系数，W/(m^2·K)；

h_{water}——铜壁与冷却水间的传热系数，W/(m^2·K)；

$h_{interface}$——铜壁与固渣膜间的界面传热系数，W/(m^2·K)；

T_{water}——冷却水温度，K；

$T_{solidus}$——保护渣的固相线温度，K；

$T_{bulkslag}$——液渣温度，K。

表 3-1　探头铜壁的物性参数

k_{cu}/(W/m·K)	c_{cu}/(J/kg·K)	ρ_{cu}/(kg/m^3)	L_{cu}/m	T_i/℃
401	385	8 960	0.005	20

表 3-2　保护渣的物性参数

k_{solid}/[W/(m·K)]	ΔH_f/(kJ/kg)	ρ_{slag}/kg/m^3	$T_{solidus}$/℃	T_{Bulk}/℃	h_{slag}/[W/(m^2·K)]
3	550	2 500	1 200	1 500	2 000

表 3-3　保护渣-铜壁界面、铜壁-冷却水界面参数

铜壁-固渣膜界面	铜壁与冷却水界面	
$h_{interface}$/[W/(m^2·K)]	h_{water}/[W/(m^2·K)]	T_{water}/℃
2 000	15 000	20

表 3-1～表 3-3 中：

k_{cu}——铜壁的导热系数，W/(m·K)；

c_{cu}——铜壁的比热容，J/(kg·K)；

ρ_{cu}——铜壁的密度，kg/m^3；

L_{cu}——铜壁厚度，m；

T_i——铜壁初始温度，℃；

k_{solid}——凝固渣膜有效导热系数，W/(m·K)；

ΔH_f——固渣膜凝固焓变，kJ/kg；

ρ_{slag}——液态保护渣密度，kg/m^3；

$T_{solidus}$——保护渣固相线温度，℃；

$T_{Bulk\ slag}$——保护渣液渣温度，℃；

h_{slag}——保护渣固、液渣界面传热系数，W/(m^2·K)；

$h_{interface}$——固渣膜与铜壁界面传热系数，W/(m^2·K)；

h_{water}——铜壁与冷却水界面传热系数，W/(m^2·K)；

T_{water}——冷却水温度，℃。

(1) 固渣膜厚度的计算

固渣膜厚度是重要的结构参数，设置铜壁、液渣初始温度、各界面传热条件等如表 3-1～表 3-3。从水冷铜壁与熔融保护渣接触时刻 $t=0$ 开始计算，t 时刻固渣膜厚度 L_t

可由式(3-3)计算。

$$L_t = L_{t-\Delta t} + \frac{Q_{t-\Delta t}}{\Delta H_f \ \Delta \rho_{slag}} \cdot \Delta t \tag{3-3}$$

其中，$Q_{t-\Delta t}$为$(t-\Delta t)$时刻渣膜凝固焓变对通过渣膜热流密度的影响值，其计算方法见式(3-4)。

$$Q_{t-\Delta t} = \frac{T_{solid} - T_{cu(t-\Delta t)}}{\frac{1}{h_{interface}} + \frac{L_{t-\Delta t}}{k_{slag}}} - (T_{bulk} - T_{solid})\, h_{slag} \tag{3-4}$$

式(3-3)及式(3-4)中：

L_t——t 时刻时固渣膜厚度，m；

$L_{t-\Delta t}$——$(t-\Delta t)$时刻固渣膜厚度，m；

Δt——时间步长，s；

$T_{cu(t-\Delta t)}$——$(t-\Delta t)$时刻铜壁与固态渣膜接触表面温度，℃；

式(3-3)和式(3-4)中其他物性参数及界面条件符号含义见表 3-1～表 3-3。计算时，假定初始时刻($t=0$)固渣膜的厚度为 0.000 001 m。

(2) 模型中计算时间步长的确定

对于铜壁表面节点的热容，有：

$$c_{surface} = \frac{c_{cu} \cdot \rho_{cu} \cdot L_{cu}}{2 \cdot n} \tag{3-5}$$

其中：

$c_{surface}$——铜壁表面节点的热容，J/(m^2 · K)；

n——一维铜壁内设置的节点数；

式中剩余符号含义见表 3-1～表 3-3。

由 $c_{surface}$ 分别计算铜壁与冷却水接触的冷面以及与固渣膜接触的热面节点的最大可接受的时间步长，冷面节点计算可接受最大步长见式(3-6)，热面节点计算可接受最大步长见式(3-7)。

$$\Delta t_c = \frac{c_{surface}}{\frac{1}{\frac{L_{cu} \cdot k_{cu}}{n}} + h_{water}} \tag{3-6}$$

$$\Delta t_h = \frac{c_{surface}}{\frac{k_{cu}}{\frac{L_{cu}}{n}} + \frac{1}{(\frac{1}{h_{interface}} + \frac{1}{h_{slag}})}} \tag{3-7}$$

式(3-6)与式(3-7)中：

Δt_c及 Δt_h——铜壁冷面节点和热面节点估算的最大时间步长，s；

$c_{surface}$——铜壁表面节点的热容，J/(m^2 · K)；

n——一维铜壁内设置的节点数；

其余固渣膜物性参数与界面条件符号含义见表 3-1～表 3-3。

将式(3-5)带入(3-6)和(3-7)，分别计算 Δt_c与 Δt_h。在 Δt_c、Δt_h二者中选取较小的为实际计算步长。以表 3-1～表 3-3 中所列条件为例，当一维铜壁内节点数 $n=5$ 时，$\Delta t_c=$ 0.004 174 s，$\Delta t_h=$0.004 291 s，因此时间步长选取为0.004 174 s。

三、实验系统参数对热流密度和固渣膜厚度的影响

（1）水冷铜壁厚度的影响

由于传统水冷铜探头尺寸较大，铜壁相对较厚，而缩小探头尺寸后，水冷探头的壁厚必将减小。为了明确铜壁厚度对渣膜凝固厚度及热流密度数据的影响，计算研究了不同厚度铜壁条件下，获取固渣膜厚度及热流密度的特征，发现铜壁厚度差异对获取的热流密度数据有显著影响。

分别将铜壁厚度设置为 5 mm、7.5 mm、10 mm，其余物性参数及界面条件如表 3-1～表 3-3所示时，模型计算得到探头浸入液渣获取的热流密度曲线如图 3-9(a) 所示。利用模型计算获得的热流密度曲线形貌与实验室通过水冷探头设备获取的热流密度曲线形貌一致。由计算结果可知，当水冷铜壁变厚时，热流曲线峰值逐渐降低。这是由于水冷探头法通过冷却水温差计算获取热流密度，当水冷铜壁变厚时，热量通过铜壁热面传递至冷却水的过程出现延迟，热惯性增大，在此过程中固渣膜形成并增厚控制传热，上述原因造成通过冷却水温差计算得到的热流密度曲线峰值下降。同时，铜壁变厚和探头体积变大也可能将渣膜微区由于结构演变引起的热流波动信号弱化，使探头冷却水进出口水温差波动弱化，不利于解析凝固渣膜微区结构波动变化对微区热流密度波动的影响。

但如图 3-9(a)中所示，水冷铜壁厚度改变时，模型计算得到的通过固渣膜-铜壁界面的热流密度数据几乎没有变化。因此可以认为，铜壁厚度的变化对实验过程中固渣膜的冷却过程几乎没有影响。由此可知，铜壁厚度在一定范围内的变化，对获取的凝固渣膜结构几乎没有影响。如图 3-9(b)所示，当铜壁厚度变化时，不同凝固时间下获得的固渣膜厚度无明显区别。

（2）液渣温度(bluk slag temperature)的影响

液渣温度不同时，凝固过程中，渣膜冷却的温度梯度有差异，对固渣膜生长厚度及内部结构有潜在影响。因此，分别设定渣膜凝固过程中液渣温度恒定为 1 300 ℃、1 400 ℃和 1 500 ℃，表 3-1～表 3-3 中其他物性参数与界面条件不变时，计算得到的冷却水-铜壁界面附近的热流密度随凝固时间的变化如图 3-10 所示。

由图 3-10 可知，探头浸入液渣时，保护渣温度会直接影响获取的热流密度曲线峰值和达到稳定状态后的热流密度大小。液渣温度愈高，达到峰值的瞬时热流密度和达到热稳定状态后的热流密度就愈高。这是由于当冷却水温度不变时，液渣温度的高低直接决定了传热系统总的温差大小，即凝固前沿液渣向固渣膜传热的驱动力大小。因此，当液渣温度较高时，整个凝固过程中，通过固渣膜的热流密度均较大。由此可知，在实验室使用水冷探头获取凝固渣膜过程中，如果液渣温度波动过大，得到的热流密度大小和变化趋势的不确定性将明显增加，甚至无法解析。

由图 3-11 可知，凝固渣膜的厚度受液渣温度的影响明显，液渣温度越高，凝固获取的固渣膜厚度越薄，也越早趋于稳定。K. Assis 和 P. C. Pistorius 等人[54,73]使用传统大尺寸小宽厚比水冷铜探头获取凝固渣膜的过程中发现，大尺寸探头获取碱度较高，结晶倾向明显的保护渣凝固渣膜厚度极为不均匀，见图 3-2。对应实验中，设定不同的液渣温度，获取的凝固渣膜厚度也无统计学差异和规律，得到的热流密度曲线的重现性也较差。究其原因，除了传统探头宽厚比较小，二维冷却对固渣膜结构有影响外，最主要的原因是大尺寸水冷探头的

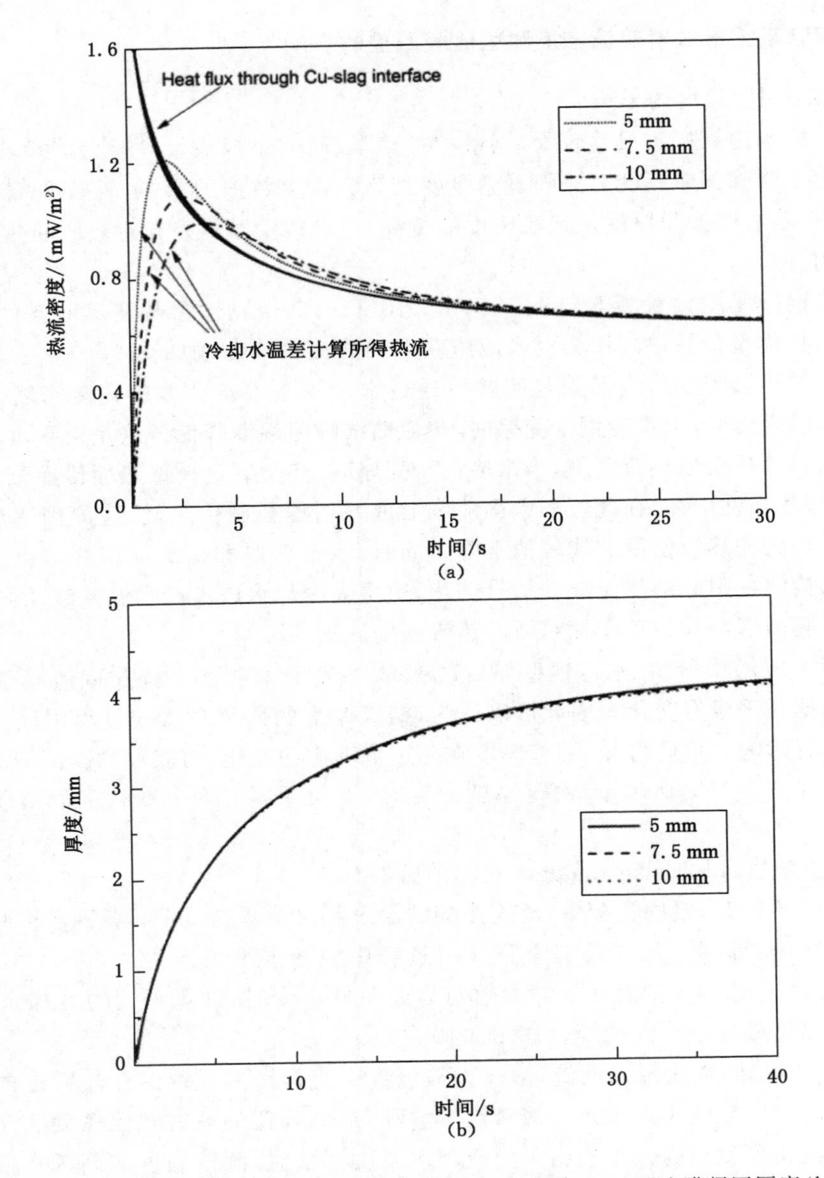

图 3-9　水冷铜壁厚度不同时计算得到的热流密度曲线(a)及固渣膜凝固厚度(b)

瞬时冷却强度过大,实验电阻炉功率和温度反馈调节能力有限,实验过程中坩埚内液渣温度波动过大,造成凝固渣膜厚度不均匀且热流曲线规律性和重现性差。

四、保护渣凝固温度对热流密度和固渣膜厚度的影响

凝固温度是保护渣重要的物性参数,是评估保护渣固渣膜厚度的重要指标,在实际生产应用过程中,针对结晶性能较强的保护渣,一般将转折温度 T_{br} 近似看作保护渣的凝固温度。参考常见保护渣的凝固温度,分别将熔渣的凝固温度设置为 1 180 ℃、1 200 ℃、和 1 220 ℃,其余物性参数见表 3-1～表 3-3。计算得到凝固渣膜的厚度及热流密度数据随时

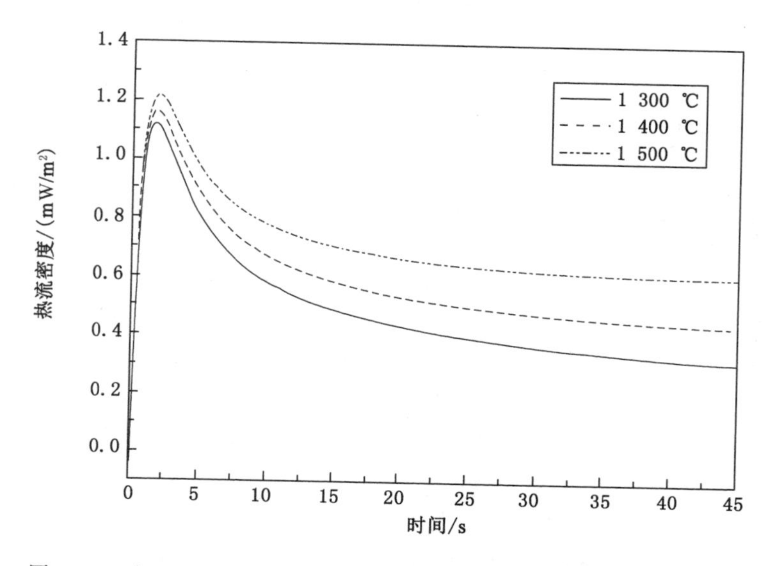

图 3-10　液渣温度不同时计算得到的热流密度随凝固时间变化的趋势

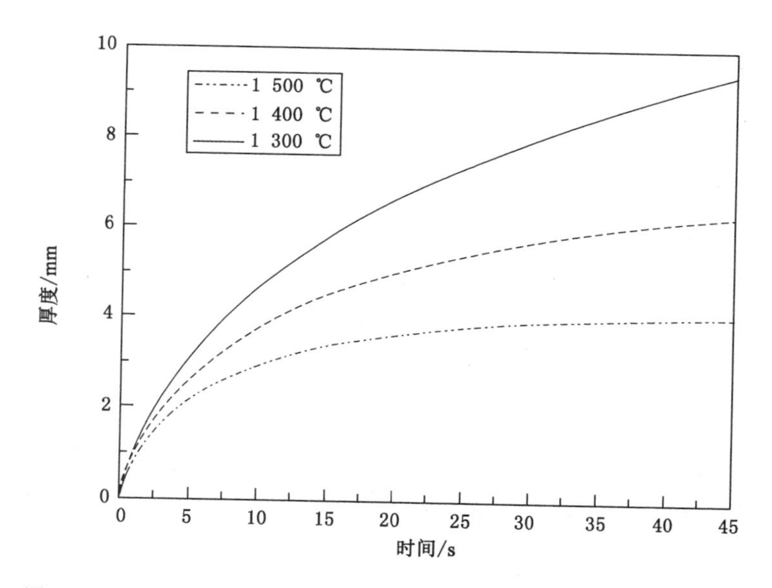

图 3-11　液渣温度不同时计算得到的凝固渣膜厚度随时间变化的趋势

间的变化趋势如图 3-12 所示。

由图 3-12 可知，在本书计算条件下，保护渣凝固温度升高可在一定程度上增加凝固渣膜的厚度，但升高凝固温度对通过固渣膜的热流密度影响有限，尤其是凝固初期，较高的凝固温度对降低渣膜达到平衡前的热流密度效果更为有限。说明在不改变固渣膜结构和传热能力的前提下，单纯升高保护渣凝固温度，可造成固渣膜厚度的增加，但是对固渣膜控制传热，尤其是对渣膜凝固初期控制传热能力的提升作用十分有限，且固渣膜增厚容易造成液渣膜厚度降低，引起润滑不良等问题。

通过长期连铸生产实践发现，固渣膜与结晶器铜壁间的界面热阻是保护渣控制传热的

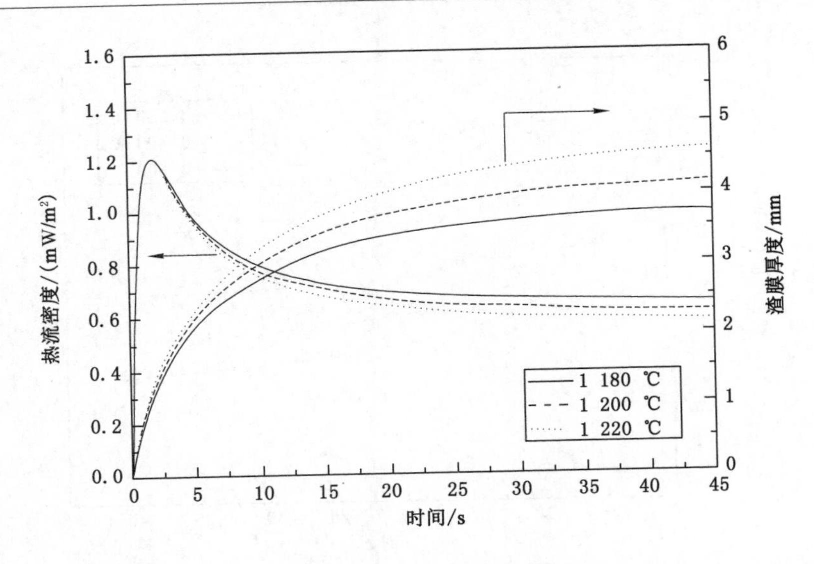

图 3-12　保护渣凝固温度变化时模型计算得到的热流密度曲线及凝固渣膜厚度

重要组成部分，与铜壁接触固渣膜的表面粗糙度大小与该界面热阻正相关。实际连铸过程中，发现凝固温度较高，且结晶倾向明显的保护渣固渣膜与铜壁接触表面粗糙度较大，即界面热阻较大。因此选取不同的典型保护渣凝固温度(1 180 ℃、1 220 ℃)和铜壁-固渣膜界面热阻($R_{int}=1/h_{int}$)，当液渣温度为 1 400 ℃，固渣膜有效导热系数为 1.5 W/(m・K)，其他物性参数和界面条件不变时，模型计算得到的热流密度曲线和渣膜厚度如图 3-13 所示。

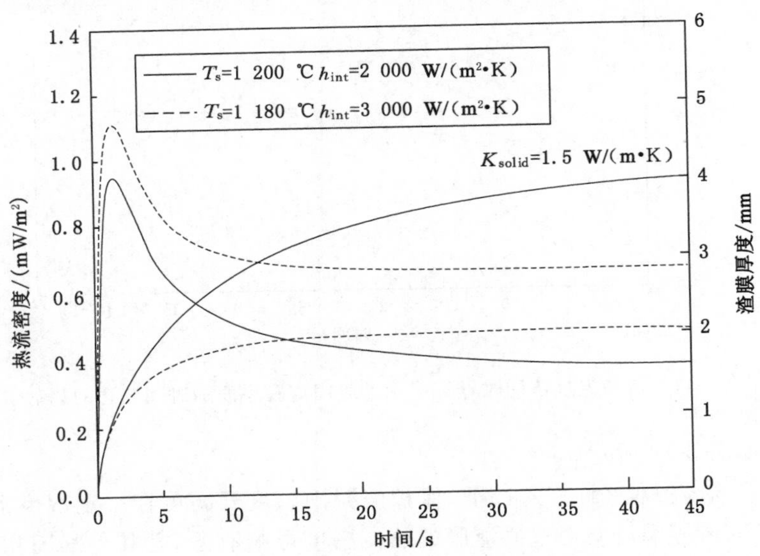

图 3-13　不同液渣凝固温度和界面传热系数条件下，模型计算得到的热流密度曲线及固渣膜厚度

由图 3-13 可知，在其余条件相同的情况下，保护渣凝固温度升高，同时界面热阻又较大(界面传热系数较小)时，计算所得达到平衡前热流密度明显减小，但计算得到固渣膜的厚度明显较大，容易影响润滑，与普通高碱度高转折温度保护渣现场使用效果吻合。

五、固渣膜传热特性对热流密度和固渣膜厚度的影响

由前述计算结果可知，除了实验系统本身的因素，如水冷探头铜壁厚度及熔渣温度对实验结果有明显影响外，凝固渣膜的传热特性（铜壁-渣膜界面热阻、导热系数等）对水冷探头获取的瞬态热流密度数据和凝固渣膜厚度也有明显影响。为明确界面热阻和固渣膜导热系数对实验结果的影响，分别设置不同的固渣膜综合导热系数及固渣膜-铜壁界面热阻（以界面传热系数表示：$R_{\text{int}}=1/h_{\text{int}}$），计算得到的热流密度随固渣膜凝固时间变化的趋势如图 3-14及图 3-15 所示。由图可知，单纯减小固渣膜综合导热系数及渣膜-铜壁界面传热系数（界面热阻增大）均会使趋于稳定前的热流密度曲线下移。但在液渣温度不变，固渣膜的导热系数及界面热阻变化时，趋于稳定时的热流密度数据并无明显变化。由于假定固渣膜凝固后，即形成稳定的界面热阻控制传热，因此渣膜-铜壁界面热阻较大时，更有利于渣膜凝固初期迅速控制传热。后续也通过实验证明，固渣膜冷面粗糙度在凝固初期即形成。但以上计算只考虑固渣膜传热特性，实际凝固获取固渣膜过程中，凝固前沿液渣黏度改变可能影响液渣对流换热系数，从而影响实验获取的稳态下热流数据。

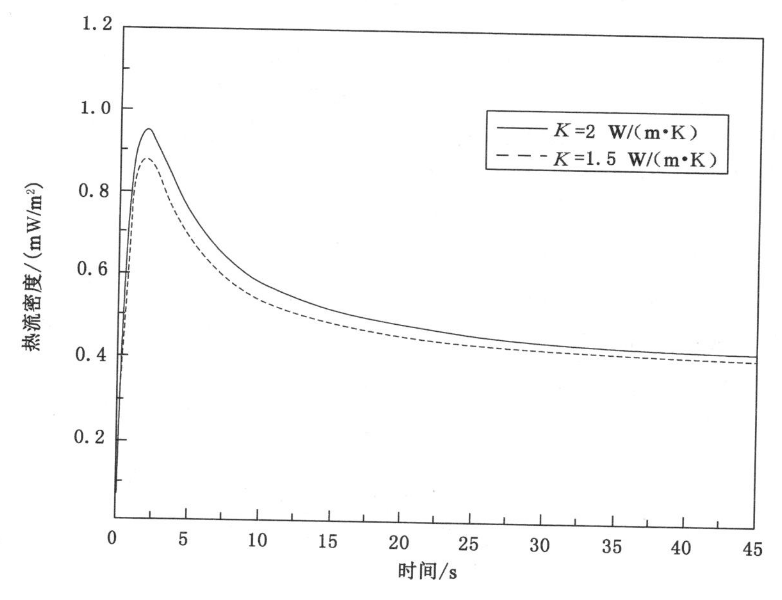

图 3-14　固渣膜综合导热系数不同时，计算得到的热流密度随时间变化趋势

由计算结果可知，虽然得到的稳态热流数据几乎不受固渣膜传热特性影响，但达到稳定状态前的瞬时热流受固渣膜传热性能影响明显，而结晶器内渣膜凝固生长无法达到计算条件下的稳定状态。因此，上述结论与实际结晶器内，固渣膜的传热特性对控制传热有决定性作用的认识不矛盾。且从计算结果可知，相较于通过调节固渣膜导热系数控制传热，较大的渣膜-铜壁界面热阻能更有效地控制凝固初期通过渣膜的热流。

当水冷探头浸入熔融保护渣获取凝固渣膜，并达到稳定状态时，式(3-8)成立。P. C. Pistorius 等人[54]认为，当熔融保护渣温度改变不大时，渣膜凝固过程中温度梯度差别不大。并据此假定，当液渣温度小范围变化时，凝固渣膜本身的有效导热系数及水冷铜壁一固渣膜

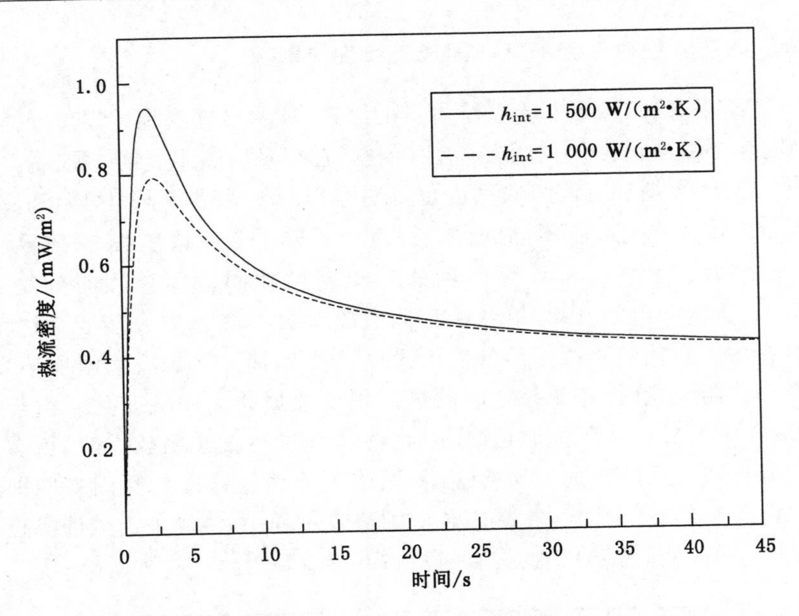

图 3-15　固渣膜与水冷铜壁界面综合传热系数不同时，计算得到的热流密度随时间变化趋势

界面热阻不变，即生成固渣膜结构不变。因此，设定液渣温度小范围变化，分别获取和计算对应液渣温度下，通过固渣膜的稳态热流密度和凝固渣膜厚度，再将固渣膜达到稳态时的厚度数据与对应稳态热流密度代入式(3-8)，联立计算求解固渣膜有效导热系数及铜壁-渣膜界面热阻。

Pistorius 等人测试了二元碱度 R 为 1.69，且结晶倾向较强，空冷固渣断口晶体比例为 100%的保护渣(渣样主要结晶矿相为枪晶石)，及二元碱度 R 为 0.77 的玻璃渣的稳态渣膜厚度、热流密度等数据。通过计算发现，高碱度结晶渣固渣膜较厚，具有较大的渣膜-铜壁界面热阻，同时渣膜导热系数较大[$R_{int}=6\times10^{-4}\ m^2\cdot K/W$，$k_{solid}=2.8\ W/(m\cdot K)$]；而玻璃渣固渣膜厚度较薄，且渣膜-铜壁界面热阻相对较小，固渣膜导热系数也较小[$R_{int}=3\times10^{-4}\ m^2\cdot K/W$，$k_{solid}=1\ W/(m\cdot K)$]。

$$L_{film}=k_{film}\left[\frac{(T_{solidus}-T_{water})}{Q_{steady}}-\frac{L_{Cu}}{k_{Cu}}-\frac{1}{h_{water}}-R_{int}\right] \tag{3-8}$$

其中：

L_{film}——固渣膜厚度，m；

k_{film}——固渣膜综合导热系数，W/(m·K)；

$(T_{solidus}-T_{water})$——保护渣固相线温度与探头冷却水温差，K；

Q_{steady}——实验中获取的稳态热流密度，W/m²；

L_{Cu}——水冷探头铜壁厚度，m；

k_{Cu}——铜的导热系数，W/(m·K)；

h_{water}——冷却水与铜壁间的传热系数，W/(m²·K)；

R_{int}——固渣膜与铜壁界面的热阻，m²·K/W。

由式(3-8)可知，其中只包含固渣膜凝固生长至稳态时的传热信息，在熔融保护渣温度不变时，可以获得并代入固渣膜稳态时的厚度 L_{film} 和通过渣膜的热流密度 Q_{steady}，只能得到包含未知数为渣膜有效导热系数 k_{film} 与渣膜-铜壁界面热阻 R_{int} 的方程，无法确定 k_{film} 及 R_{int} 的具体数值。由前述可知，不同的固渣膜有效导热系数及渣膜-铜壁界面热阻对系统达到稳定前的热流密度曲线形貌有明显影响。因此，在得到液渣温度一定时通过固渣膜的稳态热流数据，与固渣膜厚度基础上，也可以通过解析该条件下的瞬态热流密度，特别是实验得到的峰值热流密度，计算和评价固渣膜的有效导热系数及铜壁-渣膜界面热阻。

按照 Pistorius 得到的不同碱度保护渣(R=0.77 和 1.69)的两组解的特征，即高碱度结晶型固渣膜具有较高的导热系数和高界面热阻；低碱度玻璃型固渣膜具有较低的导热系数和低界面热阻。选择典型的固渣膜有效导热系数与渣膜-铜壁界面热阻如表 3-4 所示，并带入本书建立的模型，其他界面和物性条件如表 3-1～表 3-3 所示，计算得到的热流密度与固渣膜厚度随凝固时间变化的数据见图 3-16。由图可知，当固渣膜有效导热系数较小且界面热阻较小时，渣膜凝固初期热流曲线瞬时峰值较大，渣膜凝固趋于稳定时厚度较薄；当固渣膜有效导热系数增大且界面热阻也增大时，对应凝固初期热流曲线瞬时峰值降低，固渣膜趋于稳定时厚度也相对变厚，这与普通高结晶性固渣膜通常都较厚，且与铜壁接触表面粗糙度较大的现象一致。

表 3-4　计算所用固渣膜传热特性参数

组别	有效导热系数/[W/(m·K)]	铜壁-渣膜界面热阻/(m^2·K/W)
(a)	1.5	6.7×10^{-4}
(b)	2	1×10^{-3}

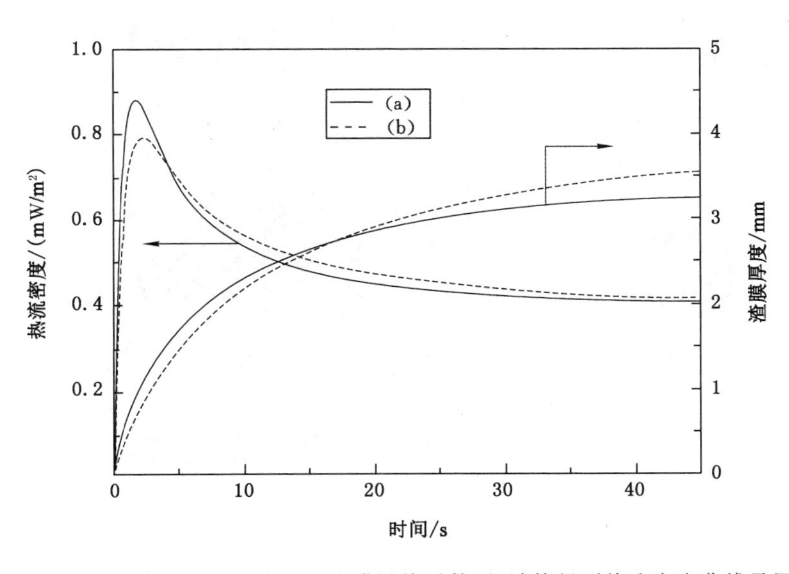

图 3-16　设置不同渣膜-铜壁界面热阻及渣膜导热系数下，计算得到热流密度曲线及固渣膜厚度

六、模型计算结论合理性讨论

鉴于连铸过程的复杂性，并且水冷探头实验数据需解析后，才能反映保护渣在实际连铸生产过程中控制传热的能力，无法直接将实验室数据与生产现场数据对比评价。为了分析

模型计算和结论的合理性,需要从实验室研究和连铸现场等多方面验证。

Wen 和 Assis 等人[54,73]在讨论原料差异对固渣膜凝固和传热性能的影响及水冷探头获取凝固渣膜等研究中发现,同等条件下,结晶倾向明显的高碱度保护渣凝固渣膜厚度明显高于低碱度玻璃渣,有的可达到两倍。由于实验用保护渣的凝固温度差异不大,因此难以用不同碱度渣膜固相线温度差异解释上述实验现象。如果考虑固渣膜内非常大的温度梯度,单纯的凝固温度差异就很难解释渣膜厚度的巨大差异,提示固渣膜本身传热特性改变。当原料波动造成同种保护渣固渣膜结晶比例升高时,固渣膜与铜壁接触表面的粗糙度增加,造成渣膜-铜壁界面热阻增加,实验得到的瞬态峰值热流密度减小,与图 3-15 计算结果趋势吻合。

Kromhout 等人[74]在荷兰 Tata Ijmuiden 厂连铸机上试用了控制传热的高结晶性高碱度保护渣,试验首先使用碱度较低的玻璃渣,并在浇注过程中,将低碱度保护渣替换成高碱度结晶渣,所用高碱度渣结晶主要析晶矿相为枪晶石。在整个浇注试验过程中,检测了结晶器中上部距弯月面 200～500 mm 区间内,铜壁热电偶的温度信号数据。并且,在连铸结束时,从结晶器内获取了对应部位的凝固渣膜,图 3-17(a)为获取的固渣膜截面形貌。可知,靠近结晶器铜壁一侧的固渣膜仍为玻璃体,但是全程均使用高碱度结晶性保护渣的固渣膜中,靠近结晶器壁一侧为晶体层,如图 3-17(b)。上述固渣膜结构的差异表明,中途换渣后,靠近结晶器壁的固渣层为原低碱度玻璃渣膜残留。而换渣后检测到的结晶器铜板热电偶温度信号明显比全程使用高结晶性保护渣的温度高,说明靠近结晶器壁小于 50 μm 厚度的固渣层,在高结晶性保护渣固渣膜控制传热中扮演重要角色。

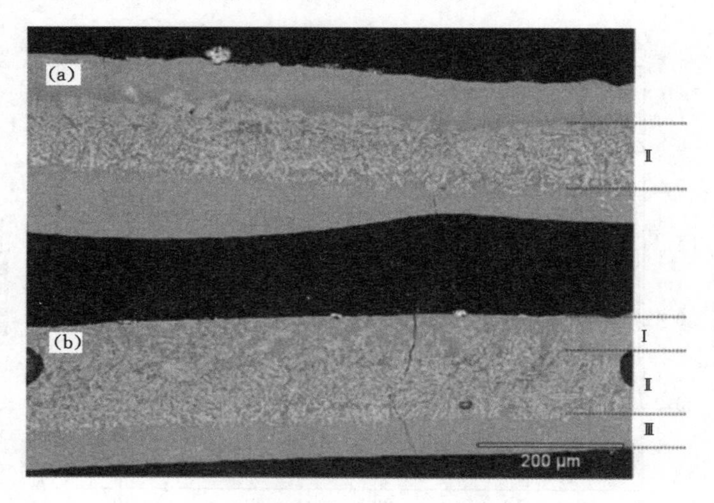

图 3-17　结晶器获取典型固渣膜截面形貌,固渣膜上部均为与结晶器壁接触面,下部为与液渣膜接触侧[74]

同样地,Hooli 等人[75]也发现,在连铸过程中更换保护渣后,前期凝固渣膜与结晶器壁接触的部分仍有残留,并且对结晶器中上部传热的影响时间较长,最高可达数小时。因此可以判定,固渣膜与铜壁间的界面热阻在高碱度保护渣控制传热过程中,起至关重要的作用。

一般认为,高碱度保护渣凝固温度较高,同等条件下凝固渣膜更厚,有利于控制传热。但 Andersson 等人[76]检测发现,对于晶体比例较高的固渣膜,其导热系数是同成分玻璃渣膜的1.5～2倍。除此之外，Anisimov等人[77,78]研究了实际结晶器内固渣膜冷面（与结晶器壁接触）的粗糙度，发现高结晶性、高碱度保护渣凝固渣膜与结晶器壁接触表面的粗糙度比低碱度玻璃渣大得多，表明高碱度渣膜界面热阻相对较大。上述研究都指向高碱度、高结晶性保护渣主要通过较高的结晶器壁-固渣膜界面热阻控制传热，与图3-16计算结果吻合。(a)先使用低碱度玻璃渣，中途更换为高碱度结晶渣浇注获得的固渣膜；(b)全程使用高碱度结晶渣浇注获得的固渣膜。a、b两个样中区域Ⅱ（截面中部）显微结构无差异。

通过总结上述实验室及现场试验结论可知，本书模型计算及模拟结论趋势合理。

七、模型不足之处及完善方法

模型建立在以下简化基础上：

(1) 水冷铜探头浸入液态保护渣获取凝固渣膜时，固渣膜的有效导热系数在其凝固生长过程中恒定不变；

(2) 凝固渣膜与水冷铜壁接触表面的粗糙度恒定不变，且在渣膜凝固初期即形成；

(3) 液渣温度小范围变化时，固渣膜的有效导热系数及水冷铜壁-固渣膜界面热阻无明显变化；

(4) 计算过程中，熔融保护渣温度无明显变化，固渣膜在凝固生长过程中为一维冷却。

首先，在实验室获取凝固渣膜的过程中，通常使用的水冷探头尺寸较大，总体冷却强度大，且探头宽厚比较小，二维冷却影响固渣膜结构，且坩埚内液渣温度在实验过程中波动较大，容易造成固渣膜厚度不均，结构代表性不强。因此，本书将在后续章节阐述小尺寸大宽厚比水冷探头及温控系统的设计和使用，尽量避免此类问题出现。

其次，基于模型的计算结论只考虑了液渣温度、渣膜有效导热系数、界面热阻等单因素变化时，热流密度数据及固渣膜厚度的变化规律。但保护渣在凝固生长过程中，铜壁-固渣膜界面热阻与保护渣凝固温度、结晶性能密切相关。同时，固渣膜的有效导热系数和铜壁-固渣膜界面热阻等参数与渣膜结构相互影响。固渣膜在凝固生长过程中微结构的演变行为会直接影响其传热特性，因此有必要对渣膜凝固过程中结构演变行为进行分析和评价，以便对渣膜的行为特性有更深入的认识。

因此，研究不同条件下固渣膜的结构演变信息，便成为进一步理解保护渣控制传热特性的关键。作为本书重点，后续章节将阐述不同凝固阶段渣膜内闭孔的检测和评价方法、固渣膜冷面（与水冷铜壁接触）粗糙度的检测和评价、固渣膜厚度检测方法等渣膜结构评价手段等。

第三节　凝固渣膜的获取方法

由前述可知，凝固渣膜有效导热系数、固渣膜-铜壁界面热阻等重要传热参数，可通过解析不同条件下实验所得固渣膜厚度及热流密度等数据获得。但目前广泛使用的大尺寸、小宽厚比水冷探头在检测部分渣样时，得到的固渣膜厚度等结构参数不均匀性突出，且热流曲线的重现性较差[54,73]。分析原因发现，首先，大尺寸探头的总体冷却吸热量较大，超过了一般电阻炉维持熔渣温度稳定的能力；其次，电阻炉控温热电偶通常设置在坩埚底部或炉管外侧，大尺寸水冷探头浸入液渣后，造成液渣温度迅速降低，此时降温信号的检测和反馈不及时。以上原因引起坩埚内液渣温度波动增大，导致热流数据不稳定，固渣膜厚度等结构参数波动增大。再者，目前广泛使用的水冷探头宽厚比较小，探头的二维冷却效应会对固渣膜凝固过程和结构产生一定影响。因此，目前针对不同液渣温度及凝固时间下保护渣固渣膜的结构演变、调控机制、传热性能的研究还较少，但上述信息是研究固渣膜传热等行为特性的关键。这里将着重阐述小尺寸、大宽厚比水冷铜探头的开发使用，同时确定固渣膜结构信息的检测和评价方法。

一、水冷探头尺寸确定及对温度调节系统的要求

由前述分析可知，为保证液渣温度在渣膜凝固过程中相对稳定，首先需在加工条件满足的前提下，减小探头总体冷却吸热量。因此，可大幅度减小探头与液渣的接触面积，并明显增大探头的宽厚比，尽力保证探头宽面中心附近固渣膜凝固过程趋近于一维传热。目前广泛使用的大尺寸水冷探头[53,54]在渣膜获取过程中与液渣接触的最大表面积为 26 cm^2（高 20 mm×宽 20 mm×长 30 mm），在条件允许的情况下，缩小探头尺寸至：高 15 mm× 宽 6.35 mm×长 20 mm。如图 3-18 所示，改进后水冷探头与液渣接触最大面积为 9.175 cm^2，约为大尺寸、小宽厚比探头最大接触面积的 1/3。并且在水冷探头尺寸及铜壁厚度减小后（铜壁厚度减小至 1.5 mm），铜壁的热缓冲作用明显减弱。在其他条件相同的情况下，当铜壁变薄和探头尺寸缩小时，通过固渣膜微区的热流密度波动反馈到冷却水温差时，其波动程度最大限度被保留。通过冷却水温差和流量等计算得到的热流密度波动，最大程度上反映了固渣膜微区结构转变造成的微区热流密度波动。

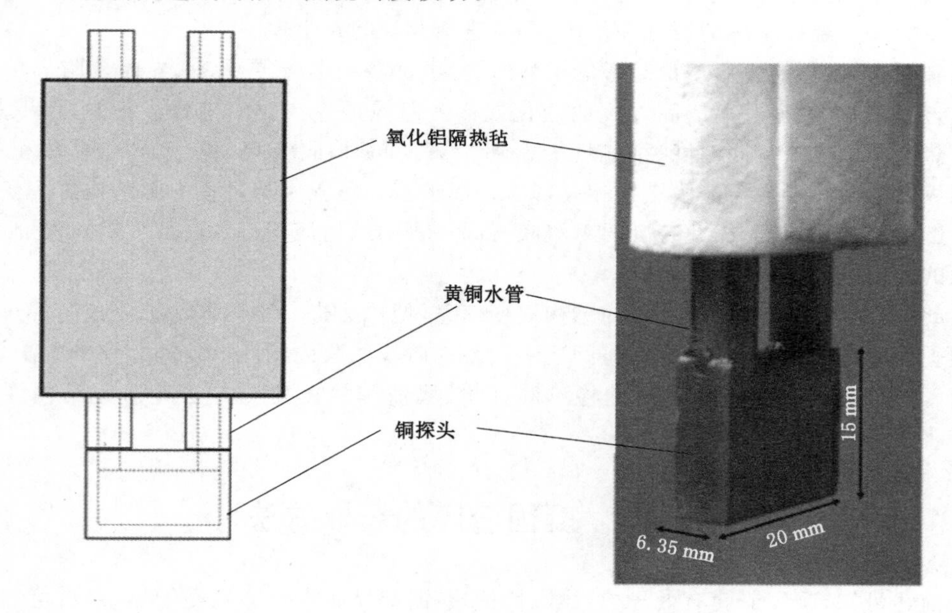

图 3-18 改进后的水冷探头形貌与尺寸

因此，可以通过小尺寸探头实验获取的热流密度曲线，分析和评价固渣膜凝固过程中微区结构演变对铸坯表面冷却均匀性的潜在影响。在后续低氟及无氟保护渣凝固渣膜结构演变分析部分，检测到了固渣膜微区结构演变对通过初生渣膜热流密度影响的典型例子。

为避免探头上部冷却水进出管在实验过程中吸热，造成炉管高温区温度均匀性恶化，同时为保证水冷探头垂直对中，使用黄铜水管连接至水冷铜探头，并在冷却水管外层包裹高纯氧化铝隔热材料，如图 3-18 所示。

当铜探头通水并浸入高温熔渣时，巨大的温度差将引起液渣密度不均，会在初生固渣膜凝固前沿造成明显的液渣对流，尤其是液渣高温黏度较小时，坩埚内熔渣的对流搅拌将使凝固前沿附近的降温信号迅速传递至与液渣接触的石墨坩埚壁，由于石墨 *X-Y* 轴方向的导热系数非常大，可达 300 W/(m·K)～1 500 W/(m·K)，其热阻较小，因此固渣膜凝固前沿降温信号检测和反馈时效的限制性环节为石墨坩埚底部与热电偶测温点之间的传热过程。

通常，石墨坩埚底部与测温热电偶间有较厚的刚玉保护套管及气体层，为加快降温信号的检测反馈，在实验过程中选取较薄的热电偶保护套管，并将石墨坩埚底部加工成与热电偶刚玉套管头部吻合的形状，使热电偶头部刚玉套管与石墨坩埚底部紧密契合。除了石墨坩埚和炉体本身的结构改进外，也采用了信号反馈、调节更精确的控温系统。通过前期实验验证发现，采用改进的小尺寸、大宽厚比水冷探头和改进的温控系统获取的凝固渣膜微结构与同成分保护渣在连铸现场结晶器内获取的凝固渣膜微结构类似[54,73]。

一般认为，板坯结晶器铜壁的冷却热流密度通常在 1 MW/m^2～4 MW/m^2 范围内(结晶器断面越小，板坯越薄，通过铜壁的热流密度相对越低)。而水冷探头实验得到的稳态热流密度一般均小于此范围，这并不是因为实验中液渣温度大幅度降低，造成传热驱动力减小导致。由前述模型计算结果及文献分析可知，水冷探头实验中，固渣膜凝固前沿的传热系数，以及液渣温度与保护渣凝固温度之差共同决定了实验室条件下稳态热流密度大小(见式 3-2)。在保护渣成分一定及熔渣温度不变的情况下，理论上不能通过增大渣量或稳定液渣温度等方法提高稳态热流密度。

固渣膜的冷却状况可直接由其凝固微结构反映，也可由进入与离开固渣膜热通量之差及固渣膜的比热容共同决定，而并非由单纯通过固渣膜的热流通量大小决定。因此，水冷铜探头浸入液渣获取凝固渣膜的实验意义在于研究不同条件下凝固渣膜的厚度、内部闭孔、冷面粗糙度、晶体种类形貌等结构演变信息、调控手段以及其对固渣膜传热的潜在影响。最重要的是，可以将上述结构参数与实验室计算获得的热流密度数据结合，定量分析和评价固渣膜各类结构参数对其传热控制的贡献度和稳定性，为保护渣的设计提供重要依据。

第四节 固渣膜结构的表征方法

保护渣固渣膜在凝固过程中的结构演变直接决定了其传热行为，渣膜在凝固过程中的结构信息包括固渣膜厚度、与水冷铜壁接触表面的粗糙度及形貌、内部闭孔率及闭孔分布、凝固析晶及脱玻璃化析晶行为、密度演变行为等。通过实验室水冷探头实验，可以获得不同液渣温度和凝固时间下的渣膜样，并检测表征固渣膜凝固过程中的结构演变信息。由于获取渣膜结构的特殊性，其表征方法与通常的结构检测方法有所不同，如闭孔率的检测表征等，需要单独分析确定。

一、固渣膜厚度的检测

凝固渣膜的厚度是重要的结构参数，在评价保护渣传热性能和润滑特性中有重要作用。

虽然使用小尺寸、大宽厚比水冷探头能提高固渣膜厚度均匀性,但固渣膜微区厚度可能不均匀。为了反映固渣膜厚度的真实信息,应使用尖头千分尺(point micrometer)测试水冷探头宽面凝固获取渣膜中心附近的厚度,并通过多点测试分析渣膜厚度的波动情况。渣膜样检测厚度的位置如图 3-19 所示。

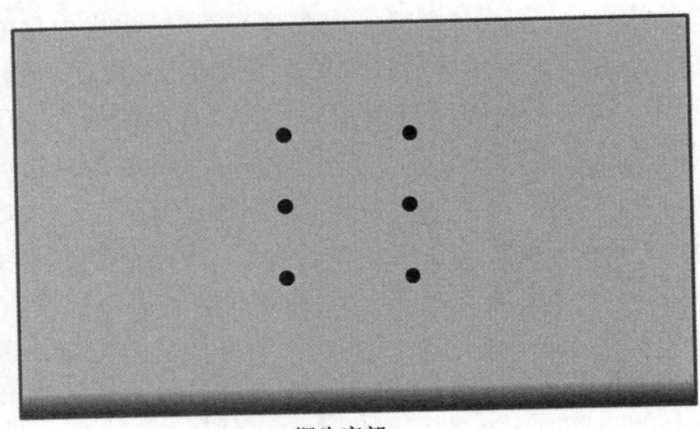

图 3-19　固渣膜厚度的检测位置

如图 3-19 所示,在结晶器内获取的固渣膜靠近液渣的一侧有明显的玻璃层,该玻璃层是获取固渣膜时由于结晶器钢液面下降,液渣膜温度降低,部分液渣黏附在凝固前沿一同带出形成。因此,结晶器内实际获取固渣膜的厚度与渣膜凝固过程中的厚度可能有出入。在实验室获取凝固渣膜时,水冷探头离开液渣时,部分液渣也有可能黏附于固渣膜上被一起带出,可能使获取固渣膜的厚度测试数据大于真实厚度。因此,依附于固渣膜被带出液渣的凝固厚度需要甄别剔除。

首先,水冷铜探头在实验全程冷却强度均较大,即使在热流降低至稳定状态时,通过凝固渣膜的热流密度都较大。因此,在水冷探头离开液渣时,空气及水冷铜壁对依附其上的固渣膜的冷却作用非常强烈。图 3-20 所示为水冷探头获取的二元碱度为 1.74 时保护渣的凝固渣膜截面形貌,由于探头的冷却作用,在固渣膜凝固前沿部分,微区凹坑处黏附带出的液渣被直接激冷玻璃化,从显微结构上易于甄别。通过分析不同条件下获取的固渣膜的截面形貌发现,凝固前沿液渣被带出多与固渣膜固-液界面的晶体生长行为有关,粗大板条状枝晶的生长、搭接可捕捉液渣。其次,在结晶倾向较强保护渣固渣膜的生长过程中,巨大的温度梯度会使低黏度液渣在渣膜凝固前沿形成强烈的对流现象,因此固渣膜凝固前沿不会聚集大量的固、液混合相(液渣与析出晶体形成的混合物),也不会有固、液混合相依附于固渣膜被带出。

因此,针对结晶倾向较大保护渣,实验获取固渣膜直接测试得到的厚度,即可代表固渣膜凝固过程中的真实厚度。针对黏度较低的玻璃渣,实验过程中凝固前沿强烈的对流现象可使直接测试得到的固渣膜厚度误差小。但是,对于高温黏度较大的玻璃型保护渣,则需通过固渣膜截面显微结构单独讨论修正。

二、固渣膜内闭孔(闭孔率)的表征

熔融保护渣可溶解一定量的水及二氧化碳,保护渣凝固过程中,由于水及二氧化碳等气体的溶解度降低,部分气体在凝固过程中逸出,可在固渣膜截面上形成圆形闭孔;同时,如果

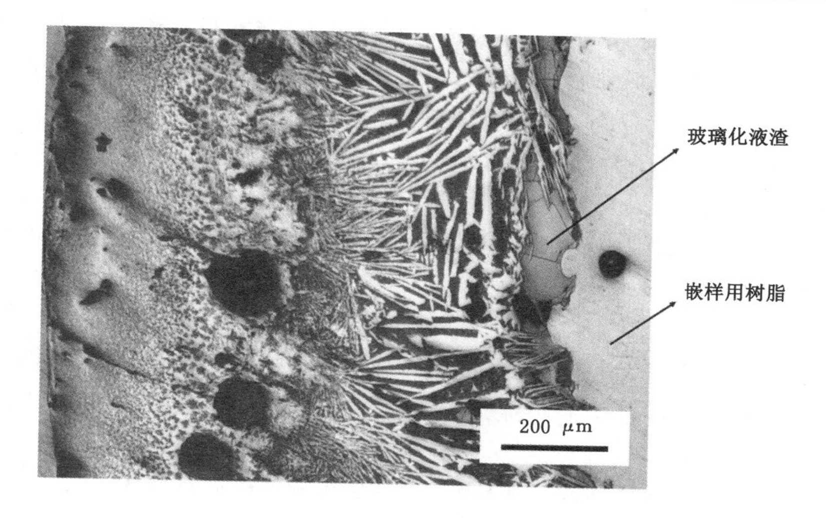

图 3-20　水冷探头获取固渣膜的典型截面形貌

凝固前沿析出粗大晶体捕捉液相，后续该部分液渣凝固收缩时得不到外部液相补充，也会产生闭孔。由于凝固渣膜内孔洞多为闭孔，目前压汞法或液氮吸附等常用方法无法检测完整渣膜内闭孔的情况[79-83]，因此针对保护渣固渣膜闭孔的表征，除了通过统计截面闭孔面积与分布外，只能通过使用固渣膜真密度与表观密度之差，计算渣膜闭孔率的密度。固渣膜的闭孔率计算方法如式(3-9)所示。

$$P_c = \frac{\rho_t - \rho_a}{\rho_t} \times 100\% \tag{3-9}$$

式中　P_c——固渣膜闭孔率，vol%；

ρ_t——固渣膜真密度(不含闭孔)，g/cm^3；

ρ_a——固渣膜表观密度(含闭孔)，g/cm^3。

固渣膜的表观密度可由获取的渣膜样直接检测得到，由于真密度需排除闭孔的影响，因此需要将检测表观密度后的固渣膜破碎至一定的粒度，使闭孔完全开放，即可检测对应固渣膜的真密度。

通常来说，检测固态物料的真密度可采用排液法，但排液法测试所需样品量较大，否则检测误差较大。同时，待测样品与检测液体介质(排液)的润湿性也会强烈影响测试结果。在渣膜凝固初期，实验获取固渣膜较薄时，小尺寸水冷探头获取的渣膜量非常有限，尤其是检测真密度时，固渣膜需粉碎至较大目数，使试样内闭孔完全开放，排液法的误差将大幅增加。作者前期进行了相关对比试验，发现排液法的误差甚至可大幅超过固渣膜内部存在闭孔对表观密度的影响。

因此，首选使用气体法(高纯氦气)检测固渣膜的表观密度和对应渣膜粉碎后的真密度数据。相比于排液法，使用高纯氦气的比重法不受液体润湿性和试样量的限制，可准确检测样品池中氦气原子不能透过的体积。测试粉末样时，能准确得到固体粉末的真实体积，以计算对应粉末渣样的真实密度。由于渣膜样的特殊性，固渣膜试样量较少，其中闭孔比例也大多较小，为准确测定闭孔率，需要确定检测过程控制参数及渣膜样的制备方法。

1. 真测试原理及过程控制参数的确定

为提高检测数据的准确性，测试用气体介质使用原子直径较小的高纯氦气。测试系统由串联的已知体积的标准池以及样品池组成。在室温下，当在样品池与标准池内通入稳定流量的氦气，且无测试样品时，样品池中的氦气近似满足理想气体状态方程(3-10)：

$$PV_c = nRT \tag{3-10}$$

式中，P 为环境大气压力；V_c 为样品池的容积；n 为样品池中氦气的物质的量；R 为气体常数；T 为系统热力学温度。

在环境压力 P 下，当样品池中装入部分样品时，样品池中氦气所占空间及物质的量减小，式(3-10)改写为式(3-11)：

$$P(V_c - V_{p1}) = n_1RT \tag{3-11}$$

式中，P 为环境大气压力；V_c 为样品池的体积；V_{p1} 为样品池内样品真实体积，即为氦气不可透过的体积；n_1 为样品池装有样品后剩余氦气的物质的量；R 为气体常数；T 为系统热力学温度。

通过前期试验发现，当样品放入样品池后，整个系统需要连续通入一段时间的氦气，以排除粉末样品缝隙中带入的空气，时间 5 min 或以上为宜，避免混入空气影响检测的准确性。

然后，单独向样品池内充入一定量氦气加压后，式(3-11)所示状态方程变成式(3-12)。为：

$$P_A(V_c - V_{p1}) = n_2RT \tag{3-12}$$

式中，P_A 为加压后的平衡压力；V_c 为样品池的体积；V_{p1} 为样品池内样品真实体积(氦气不能透过的体积)；n_2 为样品池装有样品并加压后氦气的物质的量；R 为气体常数；T 为系统的热力学温度。

加压后，必须经过一段时间，使氦气原子均匀扩散到样品颗粒表面及缝隙中，至压力稳定后，检测得到平衡压力 P_A，对于破碎研磨后，粒度小且样品量为 2～5 g 的固渣样，前期通过试验发现，平衡时间超过 80 s 后，压力 P_A 减小趋于稳定。因此，为保证测试数据的准确，确定此段平衡时间至少为 2 min。

当系统达到式(3-12)的平衡状态后，联通样品池与标准池并达到新的平衡后，针对整个系统有：

$$P_B(V_c - V_{p1} + V_A) = (n_2 + n_A)RT \tag{3-13}$$

式中，P_B 为样品池与标准池联通且达到平衡后的压力；V_c 为样品池的体积；V_{p1} 为样品池内样品的真实体积；V_A 为标准池体积；$(n_2 + n_A)$ 为联通样品池与标准池后，样品池与标准池中氦气物质的量之和；R 为气体常数；T 为系统的热力学温度。

与检测 P_A 类似，系统需要达到平衡后检测 P_B，通过前期试验，确定此段平衡时间同样为 2 min。

联通样品池与标准池前，标准池内氦气近似满足理想气体状态方程：

$$PV_A = n_ART \tag{3-14}$$

式中，P 为通氦气时的环境压力；V_A 为标准池体积；n_A 为标准池内氦气的物质的量；R 为气体常数；T 为系统的热力学温度。

联立式(3-12)～(3-14)，并将环境压力 P 设置为基准压力 0，即可计算得到试样的真实体积：

$$V_{p1} = V_c + \frac{P_B V_A}{(P_B - P_A)} \tag{3-15}$$

由于标准池与样品池的体积V_c、V_A恒定不变，因此测试的关键则在于前后两个气相平衡压力P_B和P_A的检测。因此，上述两个参数的稳定性和准确性非常重要，检测前所需平衡时间尤为重要，由上述分析可知，通过试验确定：对于保护渣固渣样的检测（粉状渣和块渣），两个检测平衡时间均设为2 min，检测介质气体为高纯氦。样品装入后，全系统氦气贯通净化时间为5 min。后续针对典型固渣膜的密度测试实验，均采用Ultrapycnometer 1000真密度仪检测P_B、P_A，样品池体积则用标准体积钢球标定。

2. 固渣膜试样的制备与保存

由于获取固渣膜的试样量小，结构特殊，因此需制备便于检测和保存的渣样。表观密度检测应选取水冷探头宽面处获取的固渣膜，将检测表观密度后的块渣用精密碳化钨制样机粉碎，即可用于测试对应固渣膜的真密度。为保证真密度检测的准确性，在前期探索性实验的基础上，确定粉末渣样的制备需要满足以下几点。

（1）由于小尺寸水冷探头获取渣膜过程中，一侧宽面固渣膜质量通常少于2 g，因此需严格控制制粉过程中试样的质量损失。由于固渣膜为非均相，含有密度不同的玻璃体及晶体，因此需要避免试样损失过多造成密度检测结果偏差变大。通过前期试验确定，破碎制样前后，渣样质量损失不应超过破碎前样品质量的3%。

（2）碱度较高的保护渣凝固后，固渣膜内可能含有部分游离的CaO及MgO等，上述组分可与空气中的二氧化碳及水发生反应，使渣样体积和质量均发生改变，影响检测结果。因此，破碎称重后的固渣样需立即密封存放在高纯氦气或氩气的保护气氛中，并及时检测真密度。

（3）为使块渣样中的微小闭孔开放，破碎制粉后，渣样的平均粒度应控制在45 μm以下。

（4）多次检测，保证各次检测数据标准差小于0.01 g/cm³，取计算平均值作为渣膜密度。

三、真密度法评价固渣膜的生长结晶过程

目前常用评价保护渣结晶过程的方法，如高温热丝法（单丝和双丝）、DSC（差示扫描量热）、高温激光共聚焦等方法均存在一定的缺点，如检测过程中挥发物难以控制，及结晶比例（量）的估算误差较大等。由于相同成分保护渣，生成的玻璃渣膜与晶体（如枪晶石）的密度是不同的，因此可以通过检测不同凝固时间下固渣膜的真密度，使用真密度演变规律推算渣膜凝固过程中的析晶行为，尤其是渣膜结晶速率和结晶比例。

固渣膜的析晶行为可以按析晶环境和析晶机理划分为两大类，即脱玻璃化析晶和固-液渣膜界面液渣凝固析晶。在水冷铜探头浸入熔融保护渣时，直接接触水冷铜壁的液渣由于淬冷，首先生成具有一定厚度的玻璃态固渣膜。随后，凝固渣膜不断生长变厚，部分晶体开始在渣膜凝固前沿析出，此部分晶体为液渣凝固析晶；同时，随着凝固时间的增加，部分晶体在靠近水冷铜壁一侧的玻璃态固渣膜中逐渐析出，此部分晶体为脱玻璃化析晶。凝固析晶为晶体在液相中析出，脱玻璃化析晶为晶体在固相或半固相介质中析出，因此前者晶体一般都较后者粗大，且生长具有明显的方向性。由于晶体的密度通常大于对应液态保护渣淬冷

得到的玻璃基体的密度，因此在渣膜中晶体比例上升时，渣膜的真密度呈上升趋势。所以，固渣膜凝固过程中真密度的演变数据不仅可以用于计算、评价固渣膜闭孔率及演变规律，而且还可以定性对比、评价不同冷却条件对固渣膜结晶过程的影响。

四、固渣膜冷面(与水冷铜壁接触)粗糙度的表征和评价

凝固渣膜与铜壁间的接触热阻是保护渣控制传热的重要环节，主要由固渣膜冷面(与水冷铜壁接触)形貌结构控制。目前，最常用且有效的评价方法为粗糙度评价。根据表面轮廓表征方法不同，常用粗糙度可分为：表面轮廓算数平均偏差 R_a，微观不平度十点高度 R_z，轮廓最大高度 R_y。其中，表面轮廓算数平均偏差 R_a 含有最多的表面轮廓和微观细节信息[84-87]，因此本研究中选取表面轮廓算数平均偏差 R_a，作为渣膜表面轮廓粗糙度的表征标准，R_a 的计算方法如式(3-16)所示：

$$R_a = \frac{1}{l}\int_0^l |y(x)| \mathrm{d}x \tag{3-16}$$

式中：

R_a——粗糙度，即轮廓算数平均偏差，μm；

l——测试长度，μm；

$y(x)$——位置为 x 时，固渣膜表面与基准线间的垂直距离 y，μm。

由 R_a 的计算原理可知，在三维空间中，检测一次所得到的 R_a 数值只包含 z 方向为某一确定值时，固渣膜的表面二维轮廓形貌信息，即式(3-16)中 x 方向与 y 方向的数据。具体如图 3-21 所示，图中 x 方向为探头浸入液渣方向，y 方向为渣膜厚度方向，z 方向为渣膜长度方向。

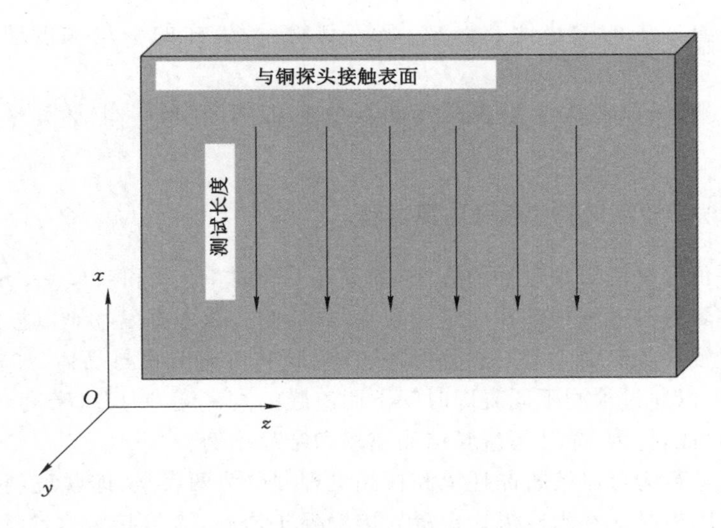

图 3-21　渣膜与铜壁接触表面及粗糙度检测示意图

由于一次检测不包含固渣膜冷面(与水冷铜壁接触)的三维形貌轮廓信息，因此在渣膜与探头接触表面(宽面)中心附近选取不同位置至少检测 6 次轮廓曲线，每次检测长度为 5 mm，具体检测位置及方向如图 3-21 所示，以此代表渣膜表面粗糙度大小及在 z 方向上的

波动情况。检测时，使用接触式表面轮廓仪。

不论在结晶器内，还是实验室获取渣膜的过程中，固渣膜均处在温度不均匀的热态，结构检测前都涉及冷却至室温的过程。以实验室获取固渣膜过程为例，使用水冷探头凝固获取渣膜时，探头提出液渣后，水冷铜壁巨大的冷却作用可保留固渣膜的微观结构。但急速冷却不能保证渣膜宏观轮廓形状不改变，渣膜在冷却过程中会发生宏观尺度下，表面轮廓弧度的改变，导致渣膜表面宏观轮廓基线偏移。所以，检测粗糙度数据时，应选用高斯滤波法确定渣膜表面轮廓中线，避免渣膜冷却过程产生的宏观表面弧度影响检测结果，使粗糙度数值大幅度偏高。

五、固渣膜内部结构的表征和评价

固渣膜的内部（截面）结构直接影响其有效导热系数，固渣膜内部结构一般包括渣膜凝固析出晶体种类及结构、脱玻璃化析出晶体种类及结构、闭孔大小、体积及分布等。随着渣膜不断凝固增厚，上述内部结构也不断变化，导致固渣膜控制传热性能随之改变。

本书前述部分在传热模型建立时，假定了固渣膜的有效导热系数在凝固生长过程中保持不变，但实际凝固过程中，随着晶体析出、闭孔、裂纹生成等微结构演变，固渣膜的传热性能也会随之改变。因此，可以通过检测不同凝固条件下固渣膜的结构特征，如脱玻璃化析晶速率、凝固前沿晶体生长行为特性及渣膜内孔洞尺寸及分布等，结合对应热流密度数据，推断和计算固渣膜结构演变行为对其传热特性的影响。

为使所得渣膜结构参数具有代表性，检测探头宽面凝固获取渣膜中部的截面结构。将所述部分的渣膜用嵌样后使用碳化硅砂纸和氧化铝浆磨抛后，直接使用光学显微镜观察。使用扫描电子显微镜（SEM）表征的样品，则需喷涂一层约 2 nm 厚的铂层。确定晶体的种类与形貌，需使用 X 射线衍射（XRD）配合扫描电子显微镜（SEM）和能量色散 X 射线谱（EDS）确定。

在使用扫描电子显微镜（SEM）表征时，加速电压（accelerating voltage）与所激发电子的能量成正比[88-90]，当基体上依附的需检测相过薄时，较高的加速电压可能会使激发电子穿透检测样，导致检测到的 EDS 谱线包含基体的成分信息。因此，通过前期探索性试验确定，在使用 SEM-EDS 检测固渣膜微区成分信息时，在不影响成像的基础上，使用较低的加速电压（10 kV）。

第四章　典型保护渣凝固渣膜结构及演变

在连铸过程中，结晶器壁与坯壳间的固、液渣膜分别起到控制传热和润滑铸坯的作用。因此，固渣膜的凝固行为特性直接影响保护渣控制传热的性能。同时，如果固渣膜生长不均匀或过厚，也可导致液渣膜过薄，造成润滑困难。所以，对保护渣固渣膜凝固结构演变的研究一般集中在对控制传热要求较高，或润滑困难的保护渣品种，如结晶性能较强的亚包晶钢保护渣和高碳钢保护渣。因此，本章将选取典型的普通高碱度结晶渣、超高碱度结晶渣、低碱度玻璃渣以及典型的无氟和低氟保护渣，分析对应固渣膜的凝固结构演变规律和对传热的可能影响，为现场工艺选择和保护渣品种开发提供参考。

第一节　高碱度保护渣固渣膜凝固结构及传热特性

目前，在裂纹敏感的包晶钢连铸过程中，一般使用二元碱度和氟含量较高的 $CaO \cdot SiO_2 \cdot CaF_2$ 基保护渣，生成较厚，且结晶比例较高的凝固渣膜控制传热，抑制铸坯表面及皮下裂纹的形成。但高碱度保护渣的结晶倾向较强，凝固温度相对较高，容易造成铸坯润滑状况的恶化，并导致黏结甚至漏钢等事故。众多学者研究了高碱度保护渣控制传热与润滑铸坯的机理，并试图协调上述矛盾[91-96]。由于固渣膜的传热特性直接由其结构决定，因此首要任务即是明确高碱度渣膜凝固过程中的结构演变规律。

一、目前对高碱度保护渣控制传热机理的认识

通常认为，一般高碱度保护渣通过下列途径控制坯壳向结晶器壁的传热[40-46]：

(1) $CaO \cdot SiO_2 \cdot CaF_2$ 基高碱度保护渣的凝固温度(转折温度)一般较高，同等条件下生成固渣膜较厚，可增大固渣膜总体热阻控制传热；

(2) 固渣膜中，以枪晶石为主的晶体大量析出，增加了固渣膜内孔洞、玻璃-晶体界面等缺陷，减小了固渣膜的有效导热系数。

(3) 晶体的析出造成固渣膜体积收缩，尤其是脱玻璃化结晶现象，会造成固渣膜与结晶器铜壁接触表面粗糙度的增加，从而在凝固过程中大幅度增加固渣膜与铜壁间的界面热阻。

(4) 渣膜中晶体逐渐析出后，大幅度增加了固渣膜对坯壳发出红外辐射的散射和反射能力，削弱了部分辐射传热，达到控制传热的目的。

但是，高碱度保护渣主要通过上述何种途径控制传热，以及上述途径涉及的固渣膜结构在凝固过程中如何演变、表征方法、影响因素、调控手段等，均不明确。并且，近期大量研究文献对上述部分理论提出了质疑[40,43,76,93,94]：

(1) 研究显示，含有晶体的固渣膜，其有效导热系数检测值明显比同成分玻璃渣膜大。虽然晶体的析出可散射、反射部分红外射线，削弱了总传热中辐射部分占比，但也有文献研

究指出，通过辐射方式传递的热量，只占固渣膜总体传热比例的20%左右。

（2）到目前为止，没有研究直接证明固渣膜与结晶器壁接触表面的粗糙度是由晶体析出造成的收缩引起。相关文献[43]研究了熔融保护渣在坩埚内自由液面的凝固过程，检测了该自由液面凝固后，该液面粗糙度的变化，以此判定凝固析晶对固渣膜表面粗糙度的影响。但是，坩埚内自由液面的凝固和液渣在水冷铜壁表面接触凝固是完全不同的过程，两者凝固条件，如冷却速率、凝固界面状况等无可比性。固渣膜在结晶器内凝固结晶时，不断有液渣通过弯月面入口补充，且有来自坯壳的钢水静压力，并没有相关研究揭示和证明自由液面凝固和水冷铜壁接触凝固两者之间的根本差异。同理，通过直接检测坩埚内液渣凝固时的宏观体积收缩数据，以此反推评价对应固渣膜冷面（与水冷铜壁接触）粗糙度是不可行的。

因此，目前对高碱度、高氟连铸结晶器保护渣控制传热的机制，以及固渣膜生长过程中的结构演变规律、影响因素及调控手段都存在争议。基于此，这里选取了典型的$CaO \cdot SiO_2 \cdot CaF_2$基普通高碱度保护渣及前期开发并投入使用的超高碱度保护渣，解析固渣膜凝固生长结构演变规律以及对传热的潜在影响。

二、高碱度保护渣的开发选取和固渣膜获取

由于普通高碱度保护渣控制传热和润滑铸坯间的矛盾越发难以调和，已不能满足连铸发展的需求。因此，作者前期研究了二元碱度变化对保护渣各宏观物化性能，如高温黏度、转折温度、结晶动力学的影响。研究发现，在普通高碱度保护渣碱度范围内，随着碱度升高，熔渣的初晶温度和转折温度升高，可能造成润滑不良。但当碱度超过某临界点后，碱度继续上升，将使保护渣结晶温度降低，如图4-1所示为降温速率为10 ℃/min时，DSC检测所得不同二元碱度保护渣的初晶温度。

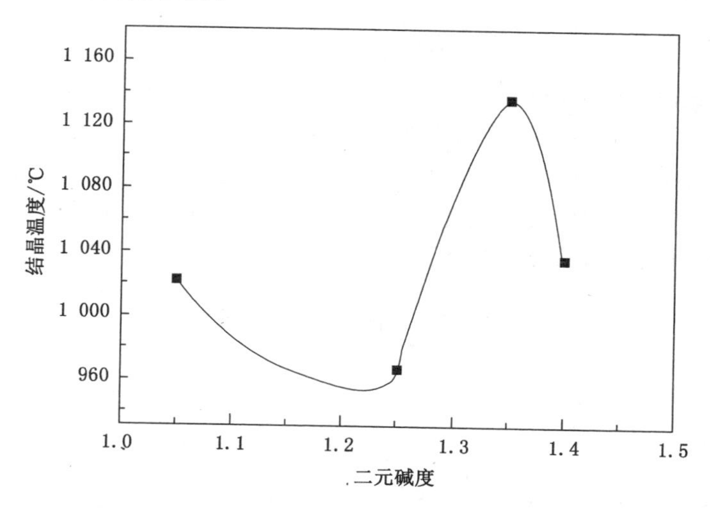

图4-1　降温速率10℃/min时，典型$CaO \cdot SiO_2 \cdot CaF_2$渣系不同二元碱度时的结晶温度

在普通高碱度保护渣二元碱度范围内，碱度升高使熔渣中CaO等高熔点组分增加，保护渣成分向枪晶石等高熔点物象析出相区移动，促进枪晶石在高温区域析出，升高结晶温度。但是随着二元碱度持续升高，熔渣中自由氧离子大幅度增加，硅酸盐熔渣微结构不断简化，导致降温过程中，金属阳离子及简单阴离子团组合排列生成枪晶石等复杂晶体结构析出

所需的时间更长，从而导致冷却凝固过程中，枪晶石等晶体析出温度降低。二元碱度升高后，熔融保护渣微结构不断简化，保护渣的初晶活化能不断降低，因此结晶速率有增加趋势，前期的结晶动力学计算也验证了上述结果。由 $CaO \cdot SiO_2 \cdot CaF_2$ 基保护渣二元碱度和降温过程中的初晶温度、初晶活化能的关系可知，可在普通高碱度保护渣基础上，适当继续提高碱度，得到凝固初期结晶速率较快（析晶活化能低），但初晶温度较低的保护渣生成区域。为了将提高碱度后的保护渣与普通高碱度保护渣区分，将该种保护渣命名为超高碱度保护渣。在确定二元碱度的基础上，可通过调整熔剂组分和添加量，将保护渣物化性能调整至连铸工艺可接受范围内。超高碱度保护渣具有较低的析晶温度和较快的析晶速率，从理论上讲，可使液渣流入弯月面处缝隙时快速凝固、析晶控制传热，并具有适当的固渣膜厚度，确保液渣膜对坯壳的润滑。

因此，随即在普通高碱度、高氟渣系的基础上提出并开发了二元碱度范围为 1.5～1.8 的超高碱度保护渣，调整了渣系氟、氧化锂等助熔剂的含量，并将超高碱度保护渣高温黏度、转折温度、半球点熔化温度等物化性能调整至连铸现场保护渣要求范围内。

为了研究普通高碱度以及新型超高碱度保护渣固渣膜凝固结构，本书分别选取连铸生产应用的普通高碱度保护渣，其二元碱度 R 为 1.38，以及超高碱度保护渣，二元碱度 R 为 1.74。实验用保护渣成分见表 4-1。对应样品使用 $CaCO_3$、SiO_2、CaF_2、Al_2O_3、Na_2CO_3、Li_2CO_3、MgO 等分析纯试剂配制。

表 4-1　实验用高碱保护渣组成　　%

渣样	二元碱度（CaO/SiO_2）	F^-	Al_2O_3	MgO	Na_2O+Li_2O
普通高碱度（TB）	1.38	9.8	3.84	1.33	12.04
超高碱度（HB）	1.74	9.5	4	3	10.25

保护渣的熔化温度由半球点法测试，1 300 ℃高温黏度和黏度-温度曲线由内圆柱体旋转黏度计测试。当降温速率为 6 ℃/min 时，将降温过程中保护渣黏度开始迅速上升时的临界温度作为转折温度 T_{br}，针对结晶倾向较强的保护渣样，由黏度-温度曲线特征所得的转折温度 T_{br} 近似等于该保护渣的凝固温度（液相线温度），在生产应用过程中，一般使用保护渣转折温度 T_{br} 对比评价凝固渣膜的厚度。检测所得保护渣物理性能如表 4-2 所示。

表 4-2　实验用高碱保护渣物理性能

渣样	1 300 ℃时黏度/(Pa·s)	半球点熔化温度/℃	转折温度/℃
普通高碱度（TB）	0.068	1 110	1 200
超高碱度（HB）	0.056	1 117	1 202

此外，对比评价了普通高碱度保护渣及超高碱度保护渣的凝固结晶倾向，评价宏观结晶能力实验所用渣样均在 1 300 ℃预先熔清备用。将 250 g 熔清保护渣在 1 300 ℃下保温 5 min 后倒入钢钵自然冷却，观察自然冷却渣样断口形貌，得到的普通高碱度及超高碱度渣样的宏观断口均为粗大的晶体，无明显宏观玻璃相存在。

使用前述改进的小尺寸、大宽厚比水冷铜探头浸入液渣获取凝固渣膜，将 300 g 预熔渣料放入内径 60 mm 的高纯石墨坩埚内，使用管式电阻炉加热熔化渣样，升温至预定温度后，将改进后的小尺寸水冷铜探头浸入液渣获取凝固渣膜，探头浸入液渣深度为 12 mm，冷却水流量设置为 1.7 L/min。由于探头尺寸较小，单位时间内总体吸热量较小，1.7 L/min 的冷却水流量即可保证探头内冷却水不汽化。通过实验证明，冷却水流量为 1.7 L/min 时，探头进出冷却水温差最大为 5～8℃。当水冷铜探头插入液渣深度达到或超过 12 mm 时，探头上部未浸入液渣部分铜壁的辐射传热对整个探头传热影响较小。

为了研究液渣温度对渣膜凝固结构的影响，分别将液渣温度稳定在 1 300 ℃、1 350 ℃及 1 400 ℃三个不同的水平获取凝固渣膜。同时，为明确固渣膜在凝固过程中的结构演变规律，分别获取不同凝固时间下的固渣膜样，即水冷探头浸入液渣 15 s、30 s、45 s、和 60 s 时的固渣膜样。如第三章所述，渣膜依附于水冷探头凝固生长，当探头和依附于其上的固渣膜离开液渣时，水冷探头强烈的冷却作用使依附在其上渣膜淬冷，因此获取的固渣膜保持了其离开液渣时的微结构。

三、高碱度固渣膜厚度及生长速率

固渣膜的厚度和生长速率是评价保护渣控制传热能力和润滑特性的重要指标，尤其是渣膜凝固初期，固渣膜的厚度和生长速率对评价保护渣性能是否稳定，是否达到工艺需求有重要参考价值。以第三章所述方法检测了不同液渣温度和凝固时间下获取固渣膜的厚度，得到普通高碱度保护渣固渣膜的厚度数据，并计算了不同凝固时间段内，固渣膜的平均生长速率，如图 4-2 所示。相同条件下，获取的超高碱度保护渣凝固渣膜厚度见图 4-3。

由图 4-2 及图 4-3 知，随着水冷探头浸入液渣时间的增加，凝固渣膜的厚度逐渐增加。当液渣温度较低时，普通碱度和超高碱度保护渣凝固渣膜均较厚，与第三章建模计算结果的趋势一致。

在其他条件相同的情况下，普通高碱度保护渣凝固渣膜的厚度均大幅度超过超高碱度渣膜，尤其当液渣温度为 1 300 ℃时，普通高碱度保护渣固渣膜厚度在凝固时间超过 45 s 后，呈非线性快速增加，而误差条显示，对应固渣膜各部分厚度较均匀。普通高碱度保护渣固渣膜的生长速率呈现先降低后升高的趋势，液渣温度较低时最为明显。而对于超高碱度保护渣，当液渣温度较低时，生成固渣膜的厚度没有大幅度增加，其固渣膜厚度在凝固时间超过 45 s 后趋于稳定，固渣膜的生长速率也趋近于零。可知，温度变化波动时，超高碱度凝固渣膜厚度稳定性较普通高碱度固渣膜稳定性强。

当液渣温度为 1 400 ℃时，普通高碱度固渣膜与超高碱度固渣膜在不同凝固时间段的平均生长速率见表 4-3。可知，超高碱度保护渣固渣膜的各阶段生长速率均较普通高碱度保护渣小，且快速趋于稳定状态。虽然实验所选择的二元碱度 R 为 1.38 及 1.74 的保护渣转折温度相近（1 200 ℃和 1 202 ℃），空冷固渣块断口结晶形貌均较粗大，且宏观晶体比例均为 100%，但渣膜凝固各阶段的生长速率、厚度及均匀性却存在不可忽视的差异。说明针对不同种类、碱度的保护渣，仅通过转折温度及宏观结晶特性判断固渣膜厚度和微结构是不准确的。

保护渣凝固渣膜的厚度除了由凝固温度（转折温度）决定外，同时也由凝固生长过程中固渣膜冷面（与水冷铜壁接触）的粗糙度及演变、内部总体闭孔率及闭孔在固渣膜内的空间分布规律等微结构差别共同决定，后续将着重叙述。

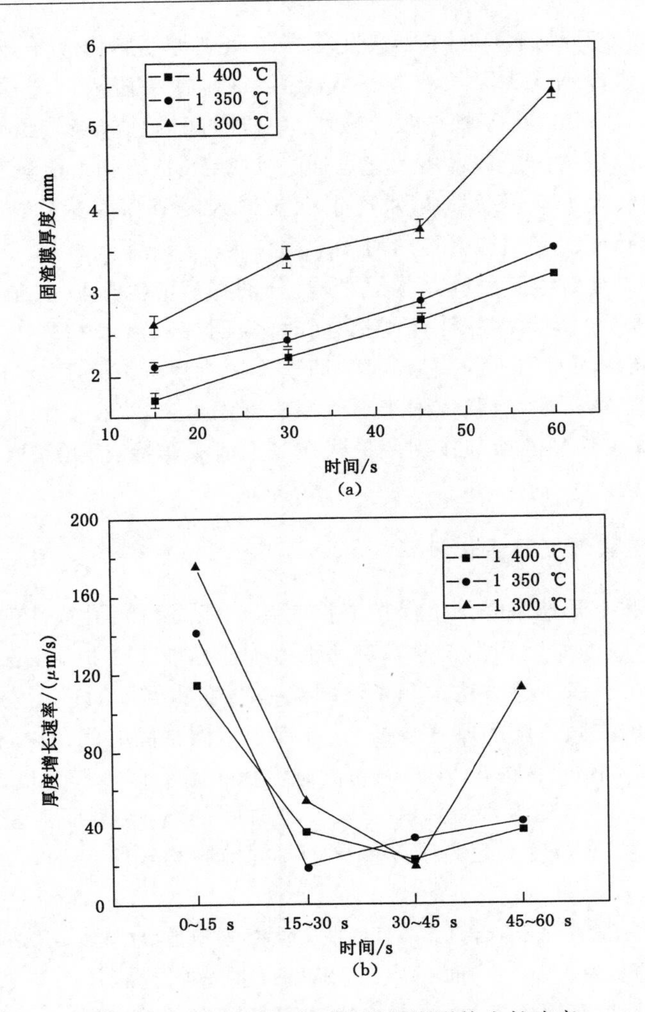

图 4-2　不同时间段内固渣膜厚度平均生长速率

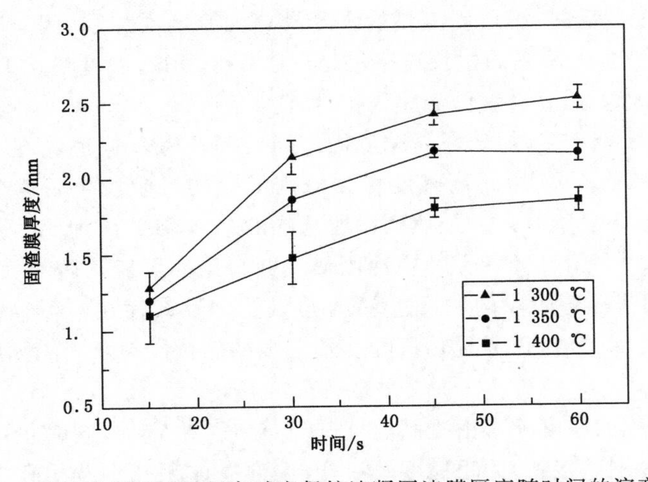

图 4-3　液渣温度不同时超高碱度保护渣凝固渣膜厚度随时间的演变规律

表 4-3　当液渣温度为 1 400 ℃时，不同凝固时间段下超高碱度与普通高碱度保护渣凝固渣膜厚度平均增长速率

μm/s

渣样及碱度	时间段			
	0～15 s	15～30 s	30～45 s	45～60 s
超高碱度（R=1.74）	74	25	22	3
普通高碱度（R=1.38）	114	34	29	37

四、高碱度固渣膜冷面（与铜壁接触）粗糙度

凝固渣膜与水冷铜壁间的界面热阻是保护渣控制传热的重要环节，可以通过表征固渣膜冷面（与铜壁接触侧）的粗糙度对界面热阻进行评价。大量相关现场数据表明，碱度较高，且结晶倾向较强的保护渣，其凝固渣膜冷面的粗糙度比低碱度玻璃渣膜大[43,76,77]。因此，高碱度凝固渣膜冷面（与水冷铜壁接）较大的接触热阻是其控制传热的重要因素。

为明确固渣膜冷面（与铜壁接触侧）粗糙度的形成机理，选取液渣温度 1 350 ℃、凝固时间为 15 s 时的普通高碱度固渣膜，制样后使用扫描电子显微镜（SEM）观察其冷面（与铜壁接触）的典型形貌，如图 4-4 所示。普通高碱度保护渣凝固渣膜与水冷铜壁接触表面形貌[见图 4-4(a)]，及高放大倍数下，该表面开放孔洞断面附近形貌[见图 4-4(b)]。可见固渣膜表面存在大量开放孔洞，上述开放孔洞的生成，直接影响了固渣膜冷面的粗糙度。同时，从结晶器内弯月面附近获取了典型固渣膜样，同样在固渣膜冷面（与铜壁接触侧）发现了类似的开放孔洞，如图 4-5 所示，两幅图像左侧均为固渣膜冷面（与结晶器壁接触）背散射电子像。获取结晶器内渣膜样时，使用的保护渣二元碱度 R 为 1.34，固渣膜的获取部位为弯月面以下 100 mm 处。

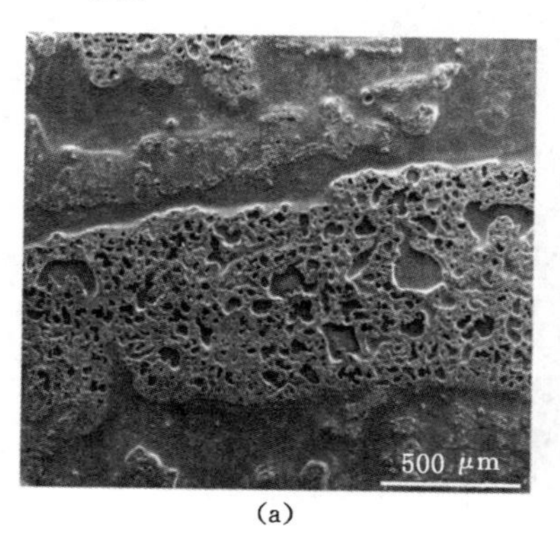

(a)

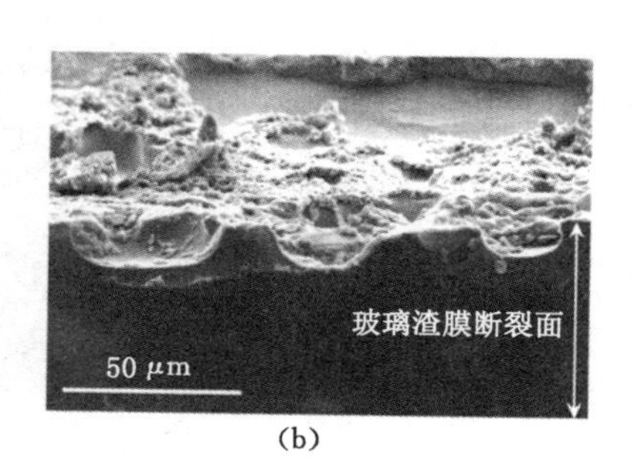

(b)

图 4-4　固渣膜在液渣温度为 1 350 ℃，凝固时间为 15 s 时获取的 SEM 二次电子像

由此可知，固渣膜冷面开放孔洞的生成显著影响了其表面粗糙度。因此，单独使用坩埚内液渣凝固后的收缩量，或者使用坩埚内自由液面凝固析晶造成的表面粗糙度变化，以预测和对比评价固渣膜冷面的粗糙度及界面热阻是不适宜的，其实验原理和结论难以揭示实际结晶器内凝固渣膜与水冷铜壁接触表面形貌的生成机理。

保护渣凝固渣膜冷面开放孔洞的生成，对渣膜表面粗糙度和界面传热特性有显著影响，

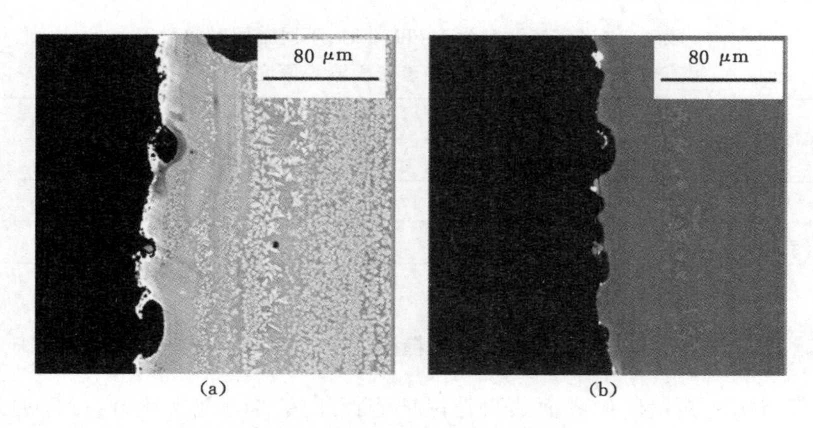

图 4-5　结晶器内获取固渣膜截面形貌

但上述开放孔洞的生成机理，特别是其生成是否与渣膜中晶体析出有关还不得而知。因此，在实验条件允许的情况下，获取凝固时间较短，晶体还未明显析出的固渣膜样。通过实验，获取了探头浸入液渣时间为 7 s 时的凝固渣膜，其截面形貌如图 4-6 所示。由图可知，当凝固时间很短，固渣膜为全玻璃体，还没有晶体析出时，渣膜冷面的粗糙界面已经形成，且固渣膜内部也已有明显的大小孔洞形成。因此，固渣膜与铜壁接触表面的初始粗糙度的形成与脱玻璃化析晶和凝固析晶无因果关系。

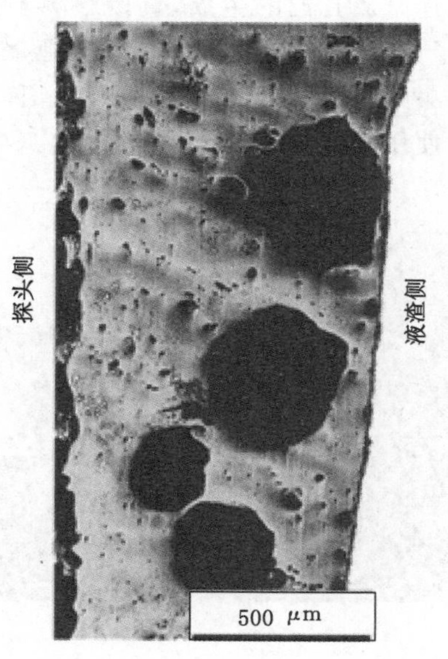

图 4-6　液渣温度为 1 400 ℃，且凝固时间为 7 s 时获取的普通高碱度保护渣固渣膜截面形貌（光学显微镜图片）

普通高碱度和超高碱度保护渣凝固渣膜冷面粗糙度检测数据 R_a 分别如图 4-7 及图 4-8 所示。由图可知，液渣温度的变化对普通高碱度及超高碱度保护渣凝固渣膜冷面粗糙度有明显影响。在本实验条件下，凝固获得的普通高碱度渣膜表面粗糙度 R_a 平均值范围为 1.5～4 μm；超高碱度凝固渣膜冷面粗糙度 R_a 平均值范围相对较高，为 3～5 μm。当液渣温度较低时，普通高碱度凝固渣膜冷面粗糙度均较低，当液渣温度为 1 300 ℃时，不同凝固时间

下渣膜冷面粗糙度 R_a 均值在 1.5～2 μm 范围内波动，导致此时固渣膜与水冷铜壁间界面热阻大幅度降低。但是，当液渣温度为 1 300 ℃时，超高碱度保护渣凝固渣膜冷面粗糙度均较高。这是液渣温度较低时，普通高碱度固渣膜厚度呈非线性显著增加的主要原因（见图 4-2）。在本实验条件下，超高碱度保护渣凝固渣膜冷面粗糙度较大，且受温度变化影响相对较小，在很大程度上抑制了液渣温度波动引起的固渣膜厚度及生长速率的波动。

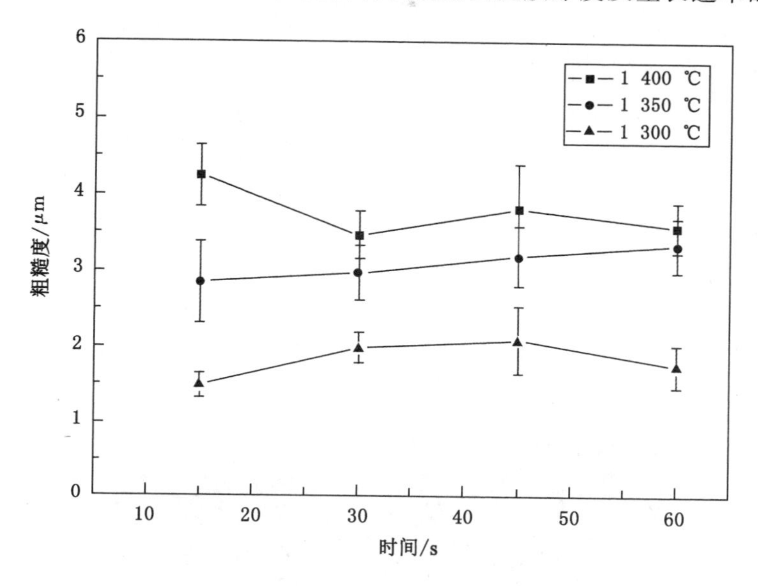

图 4-7 不同液渣温度及凝固时间条件下，普通高碱度保护渣固渣膜冷面粗糙度 R_a

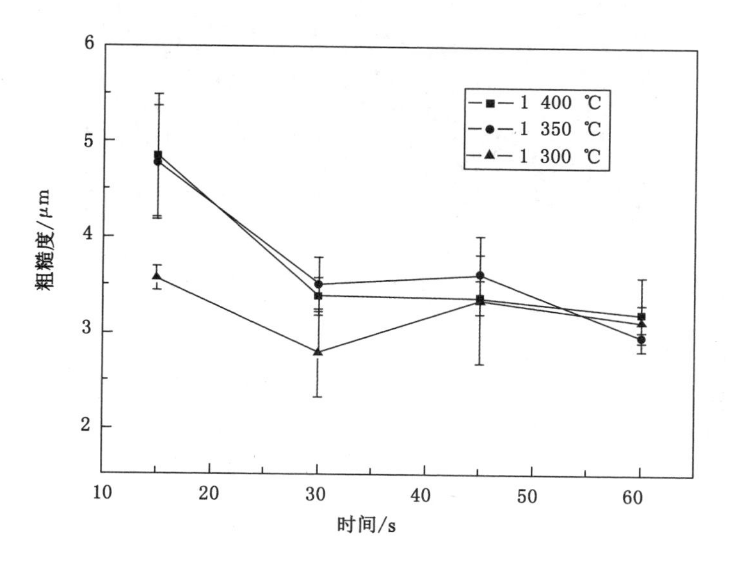

图 4-8 不同液渣温度及凝固时间条件下，超高碱度保护渣固渣膜冷面粗糙度 R_a

本书实验条件下，普通高碱度保护渣凝固渣膜冷面（与水冷铜壁接触）粗糙度 R_a 大小随渣膜凝固时间（水冷探头浸入时间）延长无明显统计学上的改变；而超高碱度保护渣凝固渣膜冷面粗糙度 R_a 也未随凝固时间增加及渣膜中晶体析出而增大，反而随渣膜凝固时间增加有减小倾向。结合图 4-6 中凝固时间为 7 s 时，固渣膜冷面粗糙度已形成的结论，共同证明固渣膜与水冷铜壁接触表面的粗糙度在渣膜凝固初期即形成，且与后续的脱玻璃化结晶和凝固结晶没有因果关系（虽然凝固时间较长时，渣膜中具有大量晶体析出，且冷面粗糙度较大。但晶体未析出前，固渣膜粗糙表面就已形成）。

由图 4-7 与图 4-8 可知，液渣温度的波动直接影响初生固渣膜的表面粗糙度，在连铸现场结晶器内，弯月面附近温度波动极有可能导致初生凝固渣膜冷面微区粗糙度不均、热阻不均、热流不均等一系列不稳定现象，从而造成固渣膜微区厚度不均。上述因素协同影响，成为普通高碱度保护渣性能不稳定的主要原因。

为了明确固渣膜冷面粗糙度的生成机理和影响因素，选取典型水冷探头凝固获取的渣膜样，制样后使用 SEM 观察了固渣膜冷面（与水冷铜壁接触）的形貌特征，如图 4-9 所示，可见明显多层液渣覆盖凝固结构及不规则开放孔洞。渣膜获取时液渣温度为 1 350 ℃，渣膜凝固时间 45 s（二次电子像）。

图 4-9　超高碱度保护渣固渣膜冷面（与水冷铜壁接触）的典型形貌

图 4-9 显示，开放孔洞参与了固渣膜冷面（与水冷铜壁接触）粗糙度的形成，为了研究粗糙度形成机理以及上述开放孔洞的影响，对不同凝固时间下获取的超高碱度保护渣固渣膜进行了制样，利用扫描电子显微镜观察了固渣膜与铜壁接触冷面及附近截面的形貌，如图 4-10。

由图 4-10(a)和图 4-10(b)可知，当探头浸入液渣时间较短，为 15 s 时，固渣膜冷面已有大量的开放孔洞形成，开放孔洞形貌提示其形成原因为凝固时液渣中气体的逸出。当其他条件不变，探头浸入液渣时间增加到 45 s 时，固渣膜冷面典型形貌如图 4-10(c)和图 4-10(d)所示，提示凝固时间增加后，固渣膜冷面部分开孔被保护渣覆盖填充，从而形成了图 4-9 所示多层覆盖的典型结构。

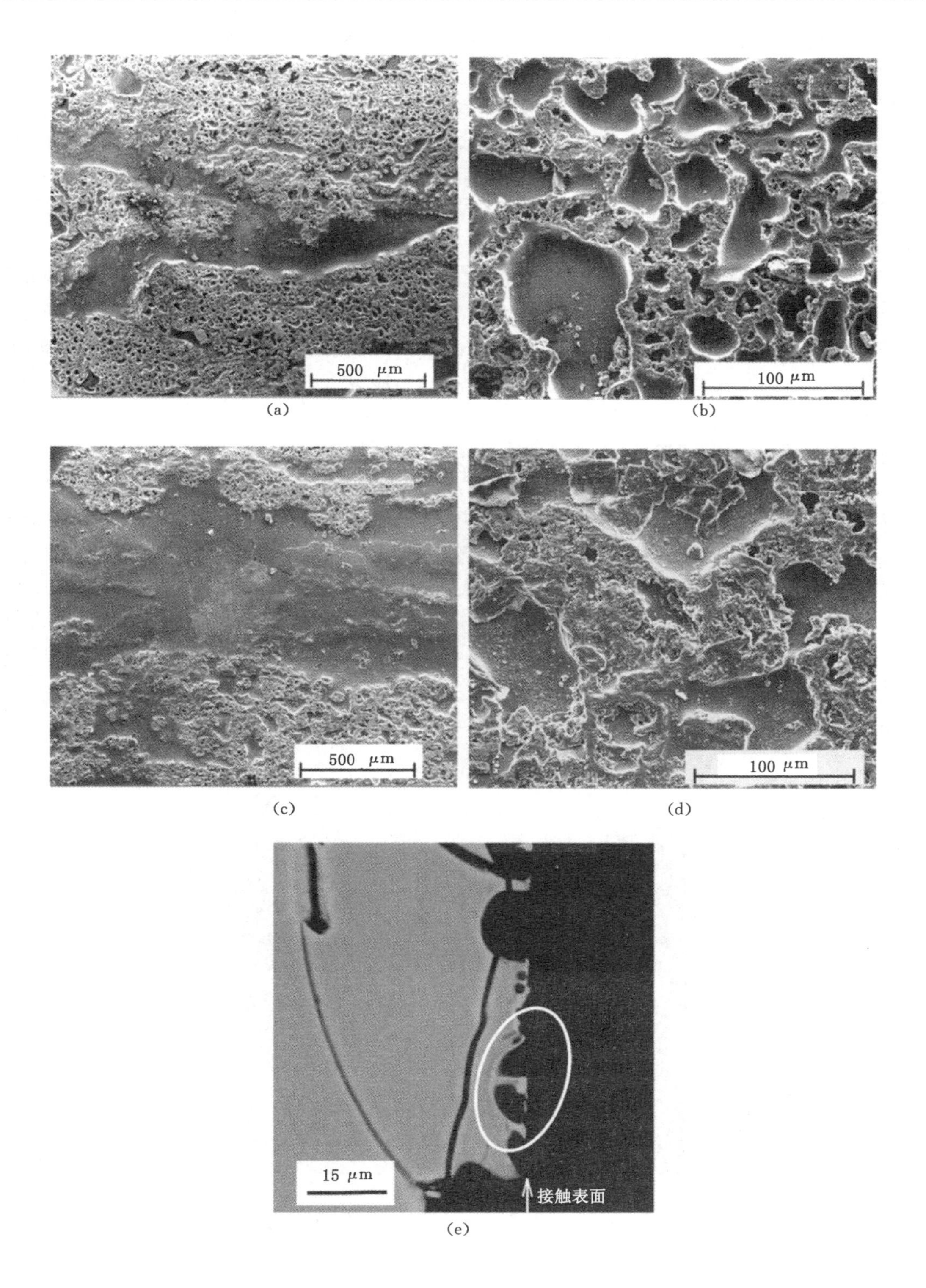

图 4-10 液渣温度为 1 350 ℃时探头凝固获取的渣膜

当液渣温度为 1350℃，凝固时间为 15 s 时，获取的固渣膜与水冷铜壁接触界面处的截面形貌如图 4-10(e)所示，可见明显气体逸出所致孔洞，该图中的圈注部分提示，此条件下，渣膜在凝固过程中可能出现微区漏渣(bleeding of slag)现象，即液态或半固态保护渣自开孔圆弧顶点处漏出，直接接触铜壁冷却。这是由于开孔生成微区的热阻较大，孔洞附近温度增高，导致部分固渣重熔或黏度变小。由于超高碱度保护渣初生固渣膜冷面粗糙度较高，初生热阻较大，导致微区漏渣(bleeding of slag)这一现象在超高碱度保护渣凝固渣膜中较为常见。

当超高碱度液渣温度较高时，随凝固时间增加，固渣膜冷面粗糙度在一定程度上减小。与连铸生产中的"漏钢"不同，在实验过程中观察到的"漏渣"现象均为微观尺度下的现象，"漏渣"的尺度大小从数微米至数十微米。铜材质的导热性能和热扩散性能良好，因此即使实际现场应用中有"漏渣"现象，也远达不到造成结晶器"热点报警"的条件，也不会影响传热的均匀性。大量观察到的"漏渣"现象，也解释了图 4-9 的形成机理，以及图 4-8 中液渣温度较高时，随着凝固时间增加，固渣膜冷面粗糙度在一定程度上减小的现象。

实验过程中出现的"漏渣"现象表明：在固渣膜凝固初期，所谓固渣膜本质上可能为半固态或软熔态。分析从结晶器内获取的固渣膜样可证明这一推断，如图 4-11 所示，为连铸结晶器内获取的典型高碱度固渣膜截面形貌，连铸钢种为裂纹敏感的包晶钢，使用保护渣二元碱度 R 为 1.34，结晶性能较强，熔渣空冷宏观断口晶体比例为 100%。渣膜样取自板坯结晶器弯月面下方 100 mm 处。如图 4-11 所示，固渣膜中晶体为脱玻璃化析出的细小点状和球状晶体，渣膜中箭头所指处为固渣膜与结晶器壁接触表面开孔塌陷所致的脱玻璃化层的位移。由于取样和冷却收缩均不会造成该尺度下脱玻璃化层的部分位移，表明该处的位移在结晶器内生成，证明即使部分脱玻璃化结晶发生后，固渣膜仍可能为半软态。

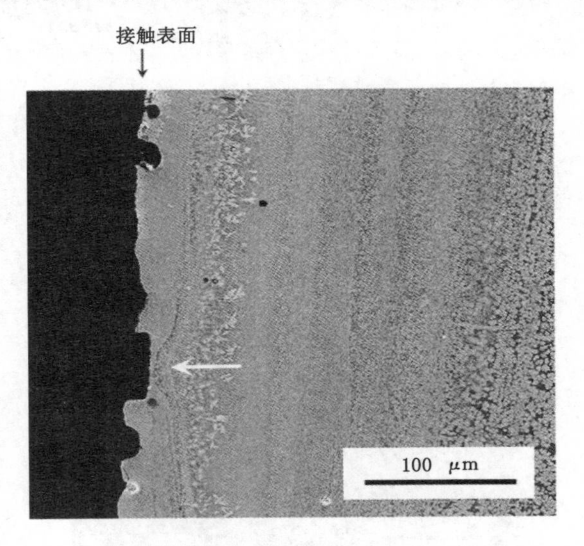

图 4-11　使用高碱度保护渣浇注时，结晶器内获得的固渣膜冷面附近截面形貌

(渣膜左侧为结晶器壁接触侧，图像为背散射电子像)

虽然在普通高碱度保护渣固渣膜凝固结构检测中，发现了固渣膜与结晶器壁接触表面开孔有变形现象，但是没有明确发现有图 4-10(e)所示的"漏渣"，即液渣流动现象。这是由

下述原因造成。

(1) 如图 4-8 所示，超高碱度保护渣固渣膜凝固初期，冷面粗糙度较大，导致铜壁-固渣膜初始界面热阻较大。同等条件下，在超高碱度渣膜凝固初期，其内部温度比普通高碱度保护渣高。

(2) 超高碱度保护渣成分特点所致。例如，为了调节熔点和高温黏度，超高碱度保护渣中添加了较高含量的氟化物和氧化锂等。因此，即使实验室检测得到的超高碱度保护渣转折温度与普通高碱度保护渣并无明显差异(见表 4-2)，但实验结论却表明，在本书所述冷却条件下，超高碱度保护渣比普通高碱度保护渣具有更宽的凝固温度区间。

此外，普通高碱度与超高碱度固渣膜冷面(与水冷铜壁接触)典型轮廓曲线(扣除基线后)细节区别也较大，如图 4-12 及图 4-13 所示。超高碱度固渣膜与水冷铜探头接触表面的形貌轮廓比普通高碱度保护渣凝固渣膜表面轮廓复杂得多，尤其是液渣温度较低，为 1 300 ℃时，差异更为明显。且当液渣温度改变时，超高碱度保护渣固渣膜冷面轮廓细节改变程度较普通高碱度保护渣小得多。

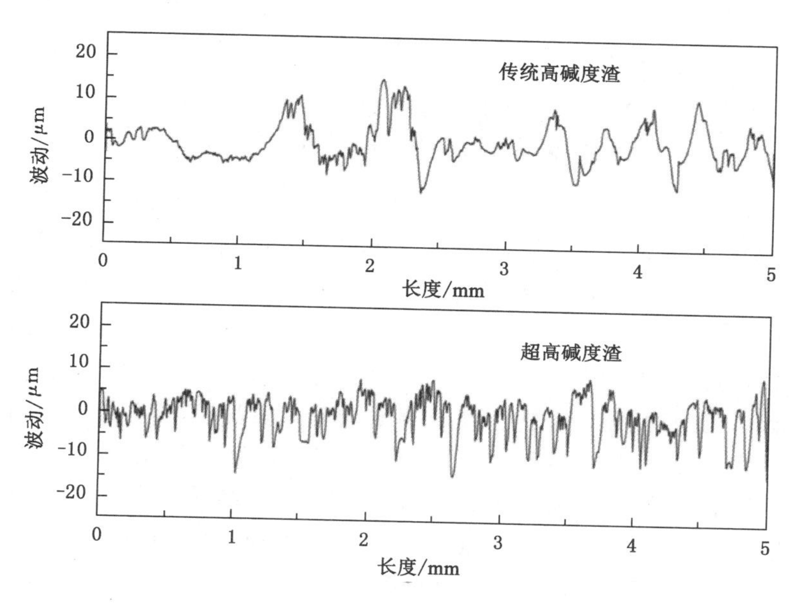

图 4-12 熔渣温度 1 400 ℃时，凝固获取的普通高碱度保护渣固渣膜(上)与超高碱度固渣膜(下)冷面典型轮廓曲线

当渣膜凝固初始粗糙度较大且较均匀时，凝固渣膜与水冷铜壁间的传热系数大幅度减小，有助于在凝固初期迅速控制和均匀通过初生固渣膜的热流。随着渣膜凝固进行，渣膜表面粗糙度降低，有利于加强结晶器中下部传热，提高连铸效率。

五、高碱度固渣膜的结晶行为特性

结晶行为是保护渣的重要特性，尤其是针对裂纹敏感的高碱度包晶钢连铸保护渣，其结晶特性一直备受关注。保护渣固渣膜的析晶过程包括脱玻璃化析晶与固、液渣膜界面凝固析晶，在实际连铸过程中均为非平衡凝固过程，因而渣膜析晶行为特性受冷却条件影响明

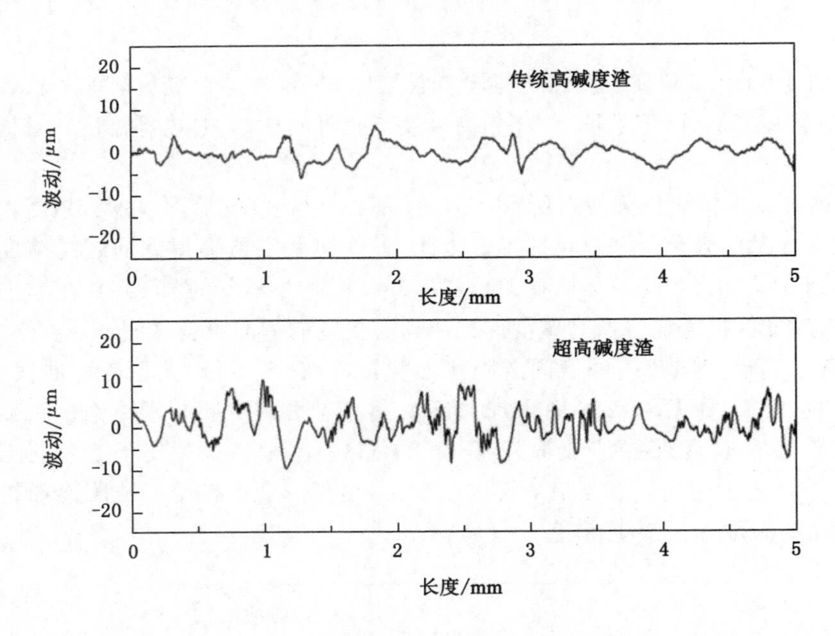

图 4-13 熔渣温度 1 300 ℃时,凝固获取的普通高碱度保护渣固渣膜(上)与超高碱度固渣膜(下)冷面典型轮廓曲线

显。为了研究保护渣的凝固析晶行为,尤其是研究析晶动力学参数,需要精确实现液渣不同的冷却速率,因而相关研究大多选取试样量较少的方法,如目前广泛使用的差示扫描量热法DSC,部分也可在线观察析晶过程,如热丝法和高温显微共聚焦法。但上述方法均为小样品量测试方法,且一般保护渣氟含量大都较高,尤其是包晶钢板坯连铸保护渣,高氟含量的液渣高温时挥发性很强。当样品量较小,液渣比表面积很大时,含氟组分如 NaF、AlF_3、SiF_4 等会大量挥发,可能直接影响测试结果[51,52],导致误差增大。虽然,相关研究提出了改善和防止氟化物挥发的方法,但没有从根本上解决该问题。因此,目前也通过检测试样量较大的黏度-温度曲线,并基于转折温度数据,间接定性评价保护渣的结晶特性。

首先,为明确高碱度固渣膜的主要结晶矿相,制样后使用 X 射线衍射(Cu K_{α})确定了普通高碱度固渣膜及超高碱度固渣膜内的典型矿相,结果如图 4-14 和图 4-15 所示。由图可知,普通高碱度凝固渣膜主要矿相为枪晶石($3CaO \cdot 2SiO_2 \cdot CaF_2$),并含有少量三斜霞石($Na_2O \cdot Al_2O_3 \cdot 2SiO_2$);而超高碱度保护渣凝固渣膜主要矿相为枪晶石($3CaO \cdot 2SiO_2 \cdot CaF_2$)及部分钠氟石($2CaO \cdot SiO_2 \cdot NaF$)。

为了明确高碱度渣膜析晶及晶体生长演化过程,获取了不同液渣温度(1 300 ℃、1 350 ℃及 1 400 ℃)和不同探头浸入时间(15 s、30 s、45 s、60 s)下的固渣膜样。

以液渣温度为 1 300 ℃时为例,针对普通高碱度保护渣,获取的不同凝固时间下的凝固渣膜截面形貌如图 4-16 所示,所示固渣膜截面左侧均为冷面(与水冷铜壁接触),靠近水冷铜壁一侧具有一定厚度的玻璃层。由图 4-16(a)可知,当探头浸入液渣时间为 15 s 时,玻璃渣膜中还未出现明显的脱玻璃化析晶。渣膜中晶体特征提示,此时晶体均为凝固前沿固-液界面凝固析晶(渣膜玻璃-晶体层界面处的晶体具有明显方向性枝晶、具有较大尺寸)。但此时已有大量闭孔在固渣膜截面左侧玻璃层中出现,脱玻璃化晶体已经开始在上述孔洞边缘

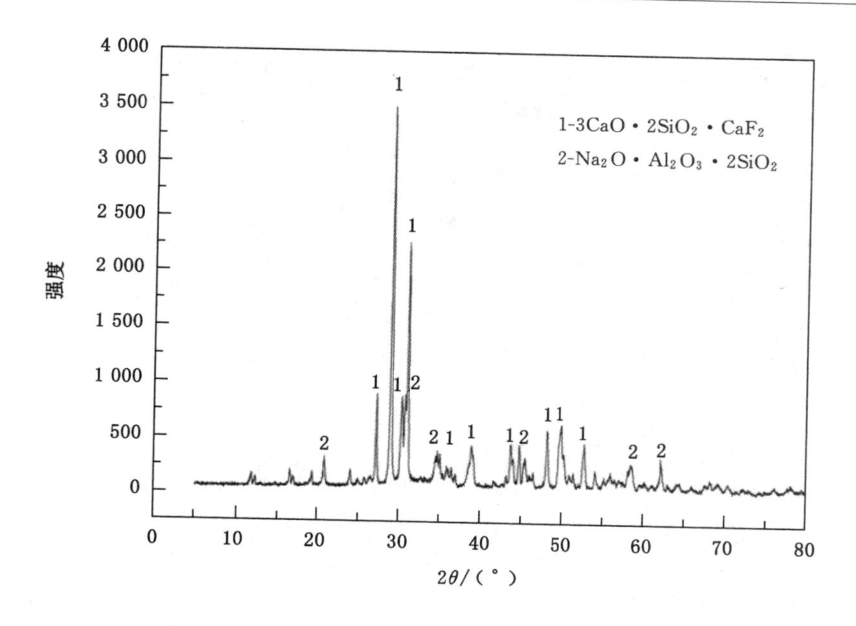

图 4-14　普通高碱度保护渣凝固渣膜 XRD(Cu $K_α$) 检测结果

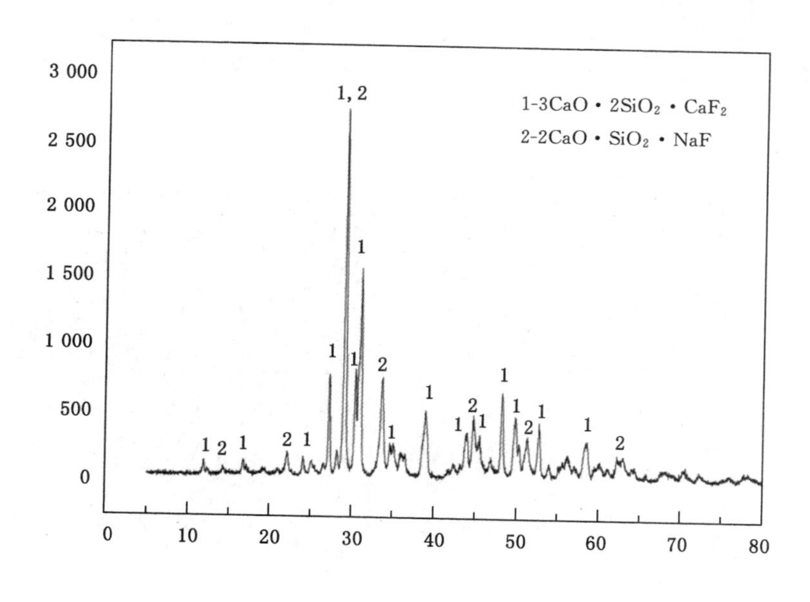

图 4-15　超高碱度保护渣凝固渣膜 XRD(Cu $K_α$) 检测结果

出现[图 4-16(a)中圈注部分]。当探头浸入时间增加至 30 s 时[图 4-16(b)],脱玻璃化析晶已大量出现,可见明显的脱玻璃化层,此时脱玻璃化层平均厚度约为 650 μm,凝固时间为 15 s 时固渣膜中的玻璃层至此已经部分脱玻璃化。当探头浸入时间分别增加至 45 s 和 60 s 后,固渣膜的脱玻璃化层的平均厚度已分别增长至 710 μm 和 850 μm。普通高碱度保护渣凝固渣膜内,典型的脱玻璃化矿相及凝固结晶矿相形貌如图 4-17 所示。图像为背散射电子像,渣膜样在液渣温度为1 300 ℃,探头浸入时间为 60 s 时获取。

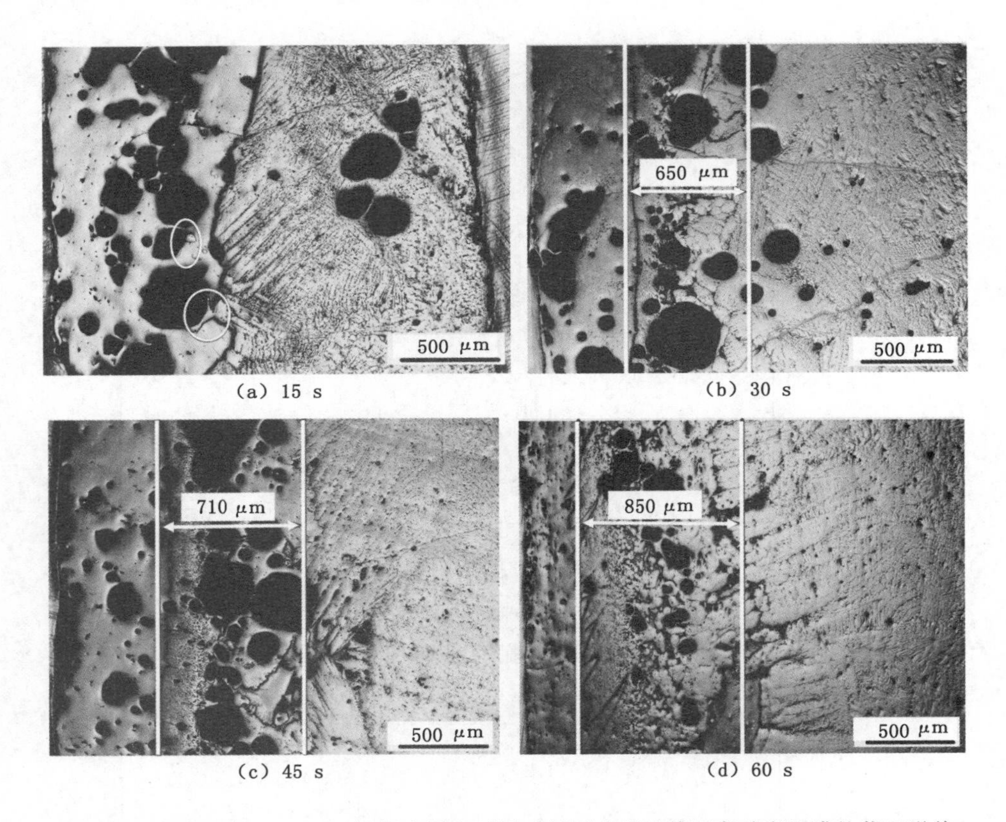

(a) 15 s　(b) 30 s

(c) 45 s　(d) 60 s

图 4-16　液渣温度 1 300 ℃时，探头浸入不同时间下获得的普通高碱度渣膜的截面形貌

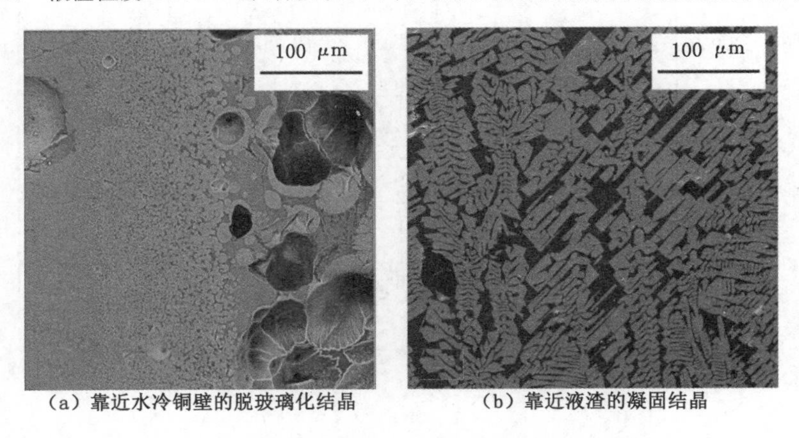

(a) 靠近水冷铜壁的脱玻璃化结晶　(b) 靠近液渣的凝固结晶

图 4-17　普通高碱度保护渣凝固渣膜中晶体典型形貌

由上述结晶过程分析可知，普通高碱度保护渣固渣膜凝固过程中，渣膜脱玻璃化析晶主要发生在渣膜凝固开始后的 15～30 s 期间，但该时间段对应的固渣膜与铜壁接触的冷面粗糙度无明显统计学意义上的变化。分析液渣温度为 1 350 ℃及 1 400 ℃时取得固渣膜的结晶过程，情况与图 4-16 所示类似。因此，传统高碱度渣膜凝固过程中，渣膜内脱玻璃化结晶和液渣凝固结晶不断进行，但是固渣膜与铜壁接触冷面的粗糙度并无明显增长(见图 4-7)。

虽然通过 XRD 确认，提高碱度后的超高碱度渣膜主要矿相仍为枪晶石($3CaO \cdot 2SiO_2$

$\cdot CaF_2$)，但与普通高碱度固渣膜中矿相形貌(见图 4-17)差别较大。普通高碱度固渣膜中枪晶石为柱状及多面枝晶状，但实验凝固获取的超高碱度固渣膜截面形貌显示，其主要结晶矿相呈粗大板条状，截面显示为针状，如图 4-18 所示。为确定超高碱度固渣膜主要矿相对应形貌，使用 SEM-EDS 分析了图 4-18 中典型板条状粗大晶体及周边细晶区域的主要成分，检测结果见图 4-19。

图 4-18　超高碱度保护渣凝固渣膜截面典型形貌(光学显微镜图片)

由图 4-19 中 EDS 结果可知，超高碱度固渣膜截面中，典型大板条状晶体成分为 Ca、Si、O、F，符合枪晶石($3CaO \cdot 2SiO_2 \cdot CaF_2$)成分特点，因此结合 X 射线衍射试验结果，可确定固渣膜中的板条状晶体为枪晶石。但与普通碱度保护渣凝固析出的枪晶石不同，EDS 检测发现，该晶体含有 1%～2%的 Al 元素。为避免周围基体影响检测结果，在检测过程中，扫描电子显微镜使用较低的加速电压—10 kV，以避免入射电子穿透被检测晶体，避免结果受到基体成分的干扰，并将检测位置选在晶体中央。经过重复检测，均发现板条状枪晶石中含有一定含量的 Al 元素。

由于板条状枪晶石附近细密结晶尺寸较小，直径大多小于 1 μm。因此，对该部分晶体的 SEM-EDS 检测受到了晶体附近基体的干扰，导致该区域 EDS 检测结果中出现了除锂元素以外的超高碱度保护渣的所有元素，由于锂元素原子序数较小，EDS 无法检测出。锂元素在渣膜凝固及晶体析出过程中扮演的角色还需要单独分析。

当液渣温度为 1 350 ℃，且不同凝固时间(15 s、30 s、45 s、60 s)下，通过小尺寸水冷探头凝固获取的超高碱度保护渣固渣膜截面形貌如图 4-20 所示。由图 4-20(a)可知，当水冷探头浸入液渣时间较短，为 15 s 时，凝固获取的固渣膜以玻璃体为主，只有少量晶体初步析出，此时大量闭孔已在靠近水冷探头侧的玻璃渣膜中出现，并形成了有规律的闭孔带。当水冷探头浸入液渣时间增加至 30 s 时，获取的凝固渣膜已经完全脱玻璃化，且同时有大量板条状枪晶石在渣膜凝固前沿附近析出。由前述章节结论可知，当渣膜冷面(与铜壁接触)初始粗糙度较高时，凝固初期靠近液渣部分的玻璃态渣膜实际温度较高，为软熔状态。因此根

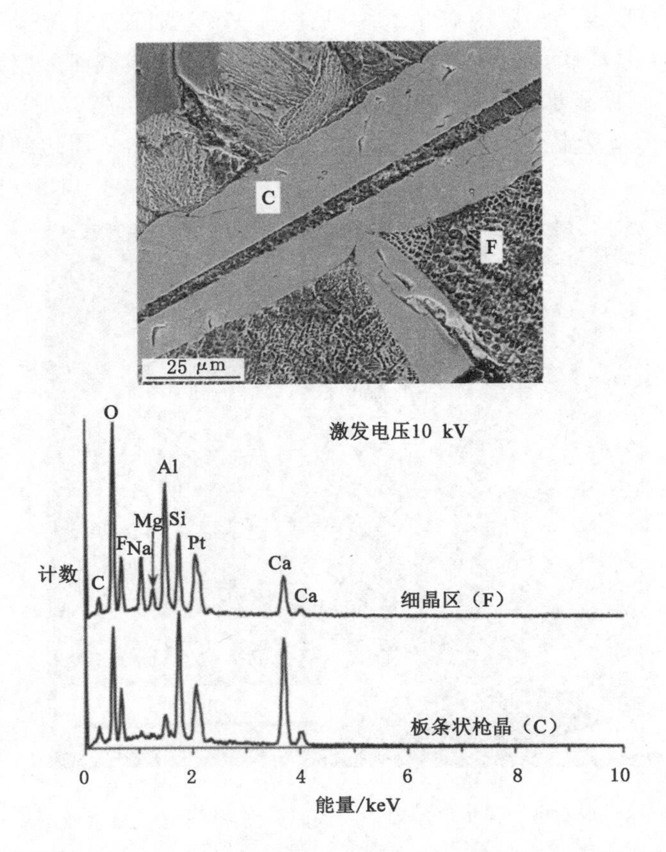

图 4-19　超高碱度保护渣凝固渣膜中板条状枪晶石背散射电子像及板条状枪晶石(C)和附近细晶区(F)的能谱分析结果

据图 4-20(a)及图 4-20(b)对比表明，板条状枪晶石在脱玻璃化结晶及凝固前沿液渣结晶区域均有析出，并以液渣凝固析晶为主。随着渣膜凝固时间增加至 45 s 及 60 s，固渣膜生长厚度逐渐达到稳定状态。

由以上分析可知，与普通高碱度保护渣类似，超高碱度凝固渣膜脱玻璃化层中，大量闭孔的形成早于晶体析出，因此自然与晶体的析出(脱玻璃化析晶及凝固前沿液渣析晶)无因果联系。前述超高碱度渣膜在凝固过程中冷面(与铜壁接触)粗糙度在凝固初期较高，后期逐渐减小并趋于稳定(见图 4-8)，由粗糙度数据的演变规律可知，晶体的析出不会造成固渣膜冷面粗糙度的升高，粗糙度的形成与初生玻璃渣膜降温过程中的物化性质变化有关。与普通高碱度保护渣类似，超高碱度保护渣凝固渣膜与铜壁接触表面粗糙度的形成，与固渣膜内部结晶无因果关联。

本书条件下，虽然不同碱度保护渣析出主要矿相均为枪晶石，但晶体形貌却差异较大，普通高碱度保护渣凝固渣膜中，枪晶石为块状及多面枝晶状；而超高碱度保护渣凝固渣膜中，枪晶石为板条状。Kajitani 等人[96]使用二元碱度 R 为 1.8 的高碱度保护渣进行了连铸生产试验，在结晶器内获取的固渣膜截面中，同样发现了大量类似的板条状枪晶石。针对枪晶石形貌出现差异的原因，Guo[99]等人研究了保护渣凝固过程中晶体形态演变规律，认为

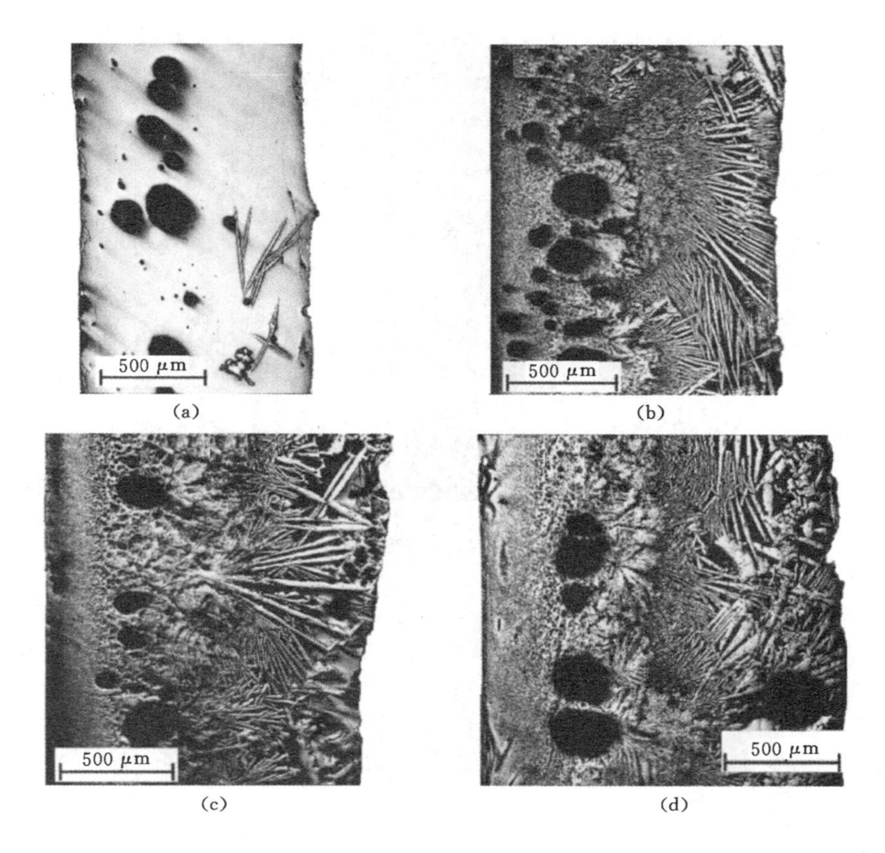

图 4-20　熔渣温度 1 350 ℃，不同凝固时间(探头浸入液渣时间)下超高碱度保护渣固渣膜截面形貌特性

板条状晶体的析出与其具有较高的熔化熵有关。但是目前还不能确定本书条件下，凝固获取的超高碱度渣膜中，析出含 1%～2%铝元素的板条状枪晶石的原因，有待进一步研究。更为重要的是，超高碱度保护渣凝固渣膜中，板条状枪晶石的析出在一定程度上影响了固渣膜的闭孔分布和总体闭孔率，对固渣膜的凝固生长行为和传热行为有一定影响。

六、高碱度凝固渣膜中的闭孔及表征

图 4-21 为结晶器内获取的典型凝固渣膜截面形貌，可见固渣膜中存在大量规律分布的闭孔，与前述获取的凝固渣膜中闭孔呈规律分布的现象吻合(见图 4-20、图 4-16)。上述闭孔的存在会明显影响固渣膜的表观密度和总体有效导热系数。由于闭孔在固渣膜中的分布有明显规律性，因此也会影响渣膜凝固过程中的瞬时传热状态。针对本书所述普通高碱度保护渣，获取了不同液渣温度及凝固时间下的固渣膜，分别制样检测凝固渣膜的表观密度和对应的真密度，并计算获得了凝固渣膜的总体闭孔率，结果如图 4-22 所示。

由图 4-22 可知，普通高碱度保护渣固渣膜在形成初期闭孔率较高，尤其是液渣温度较低，为 1 300 ℃时，水冷铜探头浸入液渣 15 s 时，凝固获得的固渣膜闭孔率超过了 16%，但随着探头浸入时间的增加，固渣膜的闭孔率显著降低，这主要是由于气孔大都在集中在靠近水冷铜壁的玻璃层内(见图 4-16)，随着固渣膜不断增厚，原有气孔占固渣膜整体体积比例

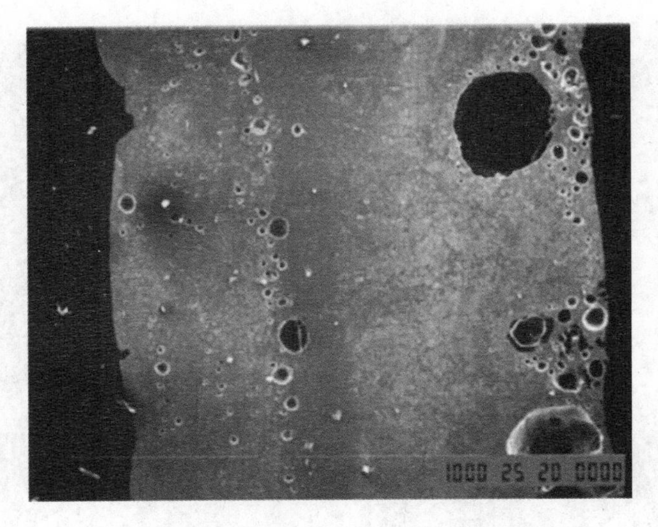

图 4-21　结晶器内获取的典型固渣膜截面形貌[17]

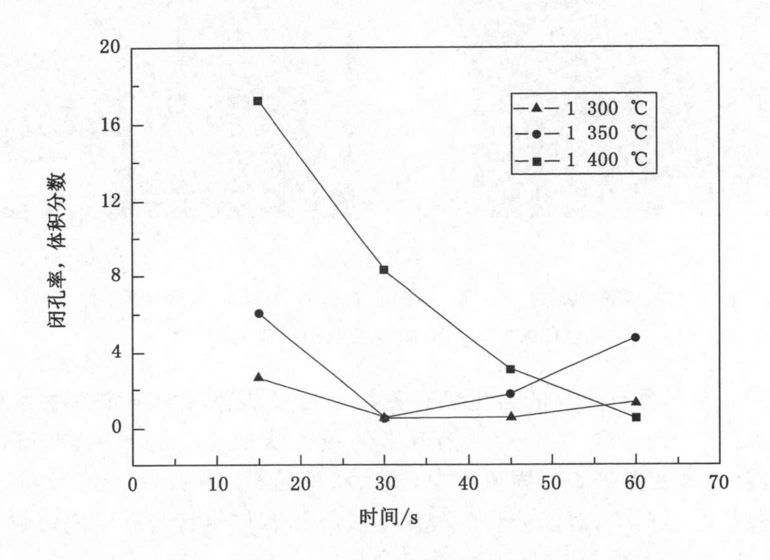

图 4-22　不同熔渣温度及凝固时间下凝固获取的普通高碱度固渣膜闭孔率

下降。同时，由前述结论可知，凝固初期玻璃体固渣膜实际为“半软态”，高温玻璃渣膜内析出气体可能部分进入液渣逸出。并且有相关研究认为，大量气体在渣膜冷却凝固过程中逸出进入液渣，可能影响保护渣消耗和传热，导致弯月面附近热流不稳定和润滑恶化。当液渣温度升高，为 1 350 ℃和 1 400 ℃时，凝固初期固渣膜闭孔率明显降低，探头浸入时间超过 45 s 时，凝固获取固渣膜的闭孔率有上升趋势，这是由于此时在凝固过程中，渣膜外层同时产生了部分闭孔(见图 4-23)，使得固渣膜总体闭孔率在凝固后期有升高趋势。

如图 4-20 所示，超高碱度保护固渣膜渣凝生长过程中，内部同样会形成大量分布规律的闭孔，对固渣膜的传热特性有一定影响。获取液渣温度不同和凝固时间不同时的超高碱度固渣膜，检测得到总体闭孔率结果如图 4-24 所示。与传统高碱度保护渣不同，超高碱度保护渣固渣膜的总体闭孔率在其凝固过程中保持在相对较高水平。

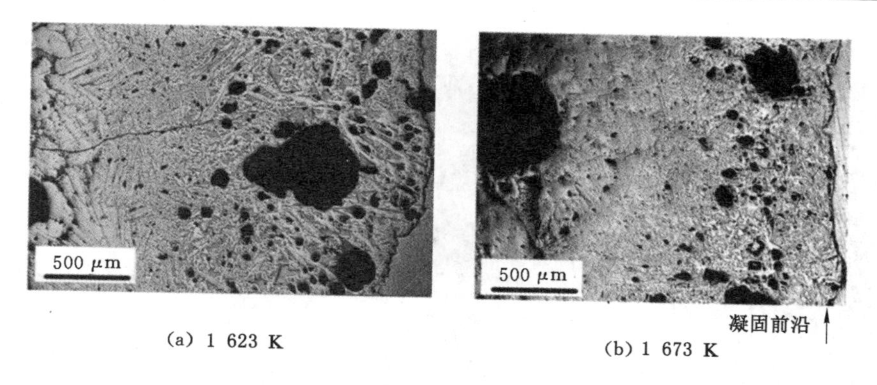

(a) 1 623 K　　(b) 1 673 K

图 4-23　液渣温度为 1 350 ℃和 1 400 ℃时普通高碱度保护渣固渣膜凝固前沿附近微观形貌

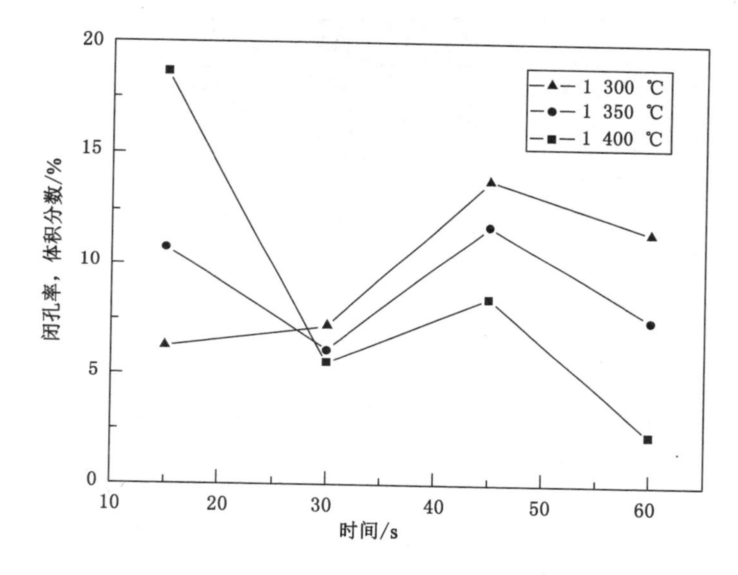

图 4-24　不同液渣温度及凝固时间下凝固获取的超高碱度固渣膜闭孔率

在超高碱度保护渣凝固初期，大量气孔会在固渣膜玻璃层中生成，导致初生固渣膜的闭孔率保持在较高水平。随着凝固时间增加，固渣膜逐渐增厚，针对液渣温度较低(1 350 ℃、1 300 ℃)时获取的凝固渣膜，其玻璃层中闭孔所占体积逐渐下降。当液渣温度较高，为 1 400 ℃时，由于凝固过程中持续有孔洞在渣膜内生成，因此渣膜凝固时间增加至 30 s 时，得到的固渣膜闭孔率有一定程度上升。当探头浸入时间(固渣膜凝固时间)持续增加时，固渣膜凝固前沿附近大量板条状枪晶石和闭孔形成，导致固渣膜总体闭孔率呈上升趋势。尤其是当液渣温度为 1 400 ℃时，获取的固渣膜凝固前沿附近截面如图 4-25 所示，其外层板条状粗大枪晶石互相搭接，在凝固生长过程中捕捉前沿液渣，随着被捕捉液渣的凝固结晶，收缩得不到外部液渣补充，从而形成闭孔，导致固渣膜凝固前沿附近闭孔率明显上升。

在确定固渣膜厚度时，如图 4-25 中所示，被板条状枪晶石捕捉的凝固前沿液渣，由于和剩余液渣分离，且不参与固渣膜热面(于液渣接触表面)的对流传热过程，因此可将该部分液渣计入固渣厚度，即该区域固渣膜厚度由渣膜凝固前沿板条状枪晶石在渣膜厚度生长方向所达到的最远距离。

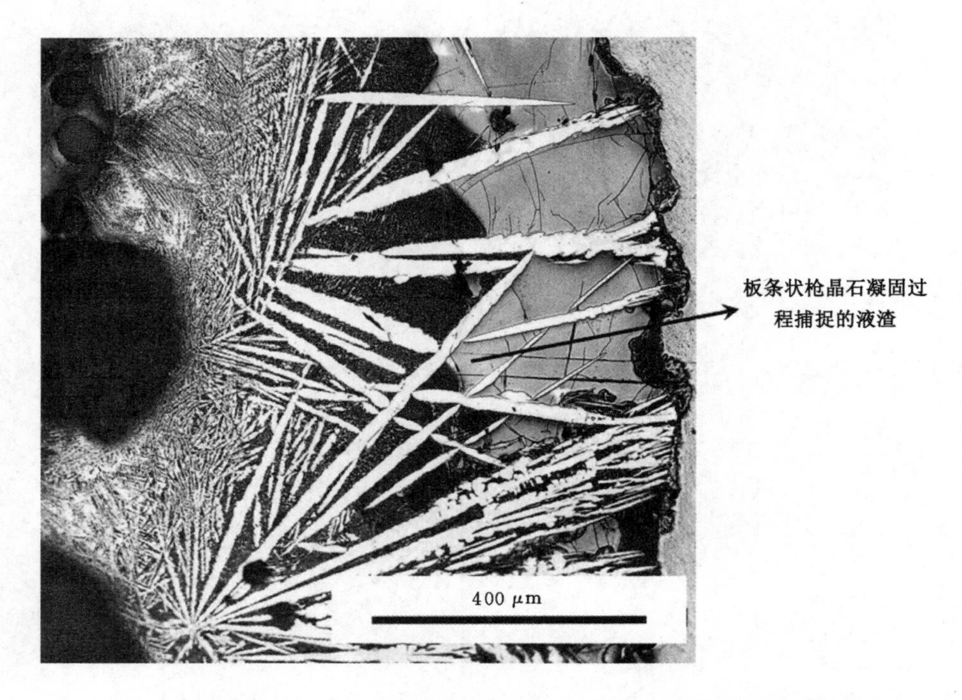

图 4-25　液渣温度为 1 400 ℃、渣膜凝固时间 30 s 时获取的超高碱度保护渣固渣膜与液渣接触附近截面形貌

普通高碱度保护渣凝固时，固渣膜总体闭孔率随凝固时间增加逐渐降低，而超高碱度保护渣固渣膜闭孔率随凝固时间增加，总体保持在较高水平。造成区别的原因在于凝固过程中，两种保护渣凝固前沿析出晶体结构不同，普通高碱度固渣膜中，凝固结晶形貌多为柱状与多面枝晶状，而超高碱度凝固渣膜中，晶体多为粗大的板条状。凝固前沿板条状枪晶石的大量析出，使超高碱度固渣膜总体闭孔率保持在较高水平，在一定程度上降低了固渣膜的有效导热系数，从而控制了固渣膜厚度的快速增长。

七、高碱度凝固渣膜的密度演变

密度是固渣膜重要的物理性质，固渣膜凝固时的密度及演变规律是评价渣膜凝固收缩、控制传热特性和数学建模计算所需的重要参数。目前，研究中所涉及的液渣在弯月面处的流入和消耗、固渣膜传热的模型等，大都使用恒定的固渣膜密度数据，或使用随温度变化的函数用以计算密度[17]，但由现场获取的固渣膜结构及前文的闭孔率和结晶特性表征可知，固渣膜内可能存在大量分布不均的闭孔，且固渣膜闭孔率受液渣温度和渣膜凝固时间影响明显。而且，固渣膜内晶体与玻璃体空间分布不均匀。因此，渣膜密度在凝固过程中会随渣膜结构变化而演变，也需着重研究确定。

获取不同熔渣温度及凝固时间下的普通高碱度固渣膜，检测得到固渣膜的表观密度和对应真密度，分别如图 4-26 及图 4-27 所示。由图可知，普通高碱度保护渣固渣膜的表观密度随液渣温度及探头浸入时间波动明显，特别是液渣温度较低，为 1 300 ℃时，随着探头浸入时间增加，固渣膜表观密度从 2.23 g/cm^3 上升至 2.74 g/cm^3，固渣膜初始闭孔率达 16%。

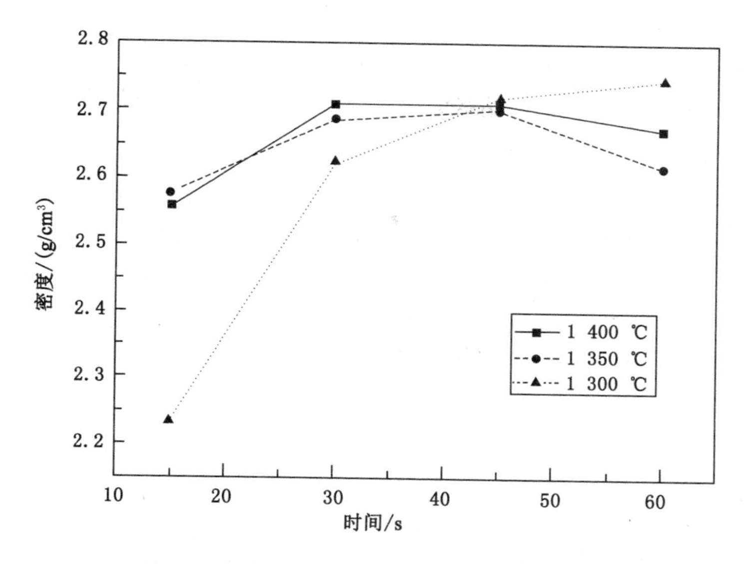

图 4-26　液渣温度及凝固时间不同时实验获取的普通高碱度固渣膜的表观密度

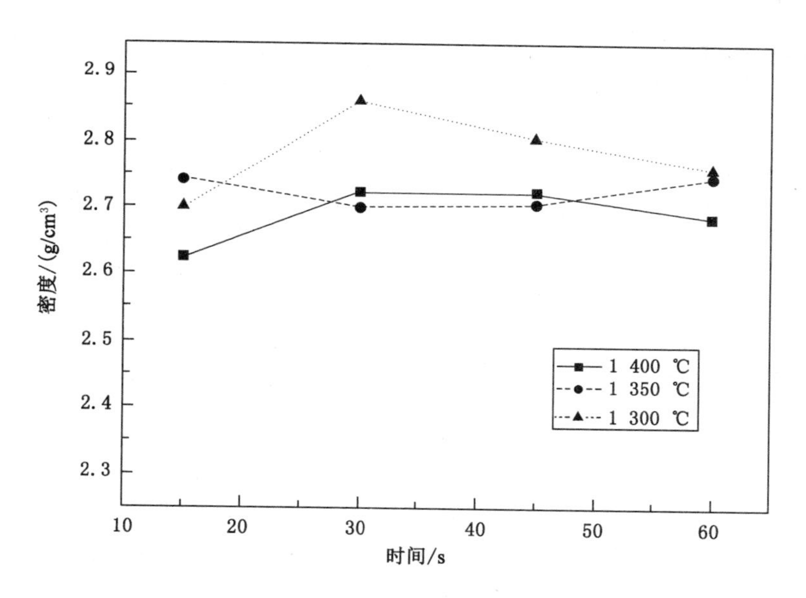

图 4-27　液渣温度及凝固时间不同时实验获取的普通高碱度固渣膜的真密度

保护渣消耗量是评价连铸稳定性的重要指标，生产应用中，通常使用单位时间内消耗保护渣的总量计算。但固渣膜凝固过程中的表观密度演变表明，液渣温度波动时，初生固渣膜表观密度可能出现巨大差异，当弯月面附近温度波动时可能造成液渣流入及消耗不均，成为不稳定因素。由于不同条件下获得的普通高碱度固渣膜结晶比例均较高，且渣膜析晶较快，所以，在图 4-27 中，固渣膜真密度变化不大，只有液渣温度较低，为 1 300 ℃时凝固获取的渣膜真密度稍高。本研究条件下，获得的普通高碱度固渣膜表观密度波动范围为 2.23～2.74 g/cm³，真密度为 2.62～2.86 g/cm³。

获取不同熔渣温度及凝固时间下的超高碱度固渣膜，检测得到固渣膜的表观密度和对应真密度，分别如图 4-28 及图 4-29 所示。与前述普通高碱度保护渣固渣膜相比，液渣温度波动时，超高碱度固渣膜凝固时间较短，水冷探头浸入液渣时间为 15 s 时，表观密度更加稳定，液渣温度较低，为 1 300 ℃和 1 350 ℃时，固渣膜表观密度随凝固时间增加逐渐升高。本研究条件下，获得的超高碱度固渣膜表观密度波动范围为 2.36～2.88 g/cm³，真密度为2.56～3.02 g/cm³。

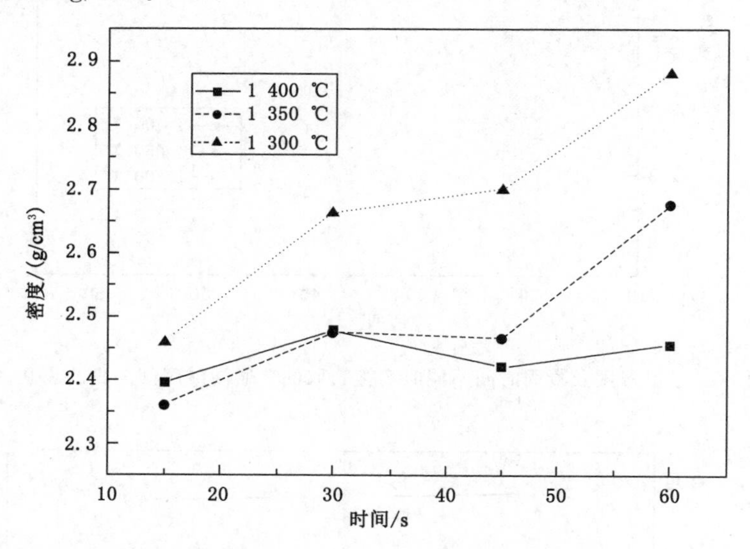

图 4-28　液渣温度和凝固时间不同时实验获取超高碱度保护渣凝固渣膜的表观密度

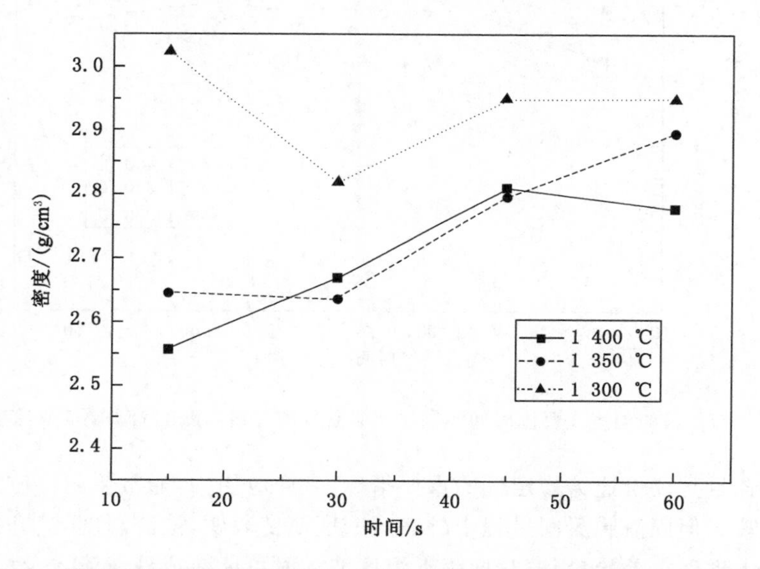

图 4-29　液渣温度和凝固时间不同时实验获取超高碱度保护渣凝固渣膜的真密度

八、高碱度凝固渣膜的成分偏聚现象

在保护渣固渣膜的凝固生长过程中，熔融液渣首先与水冷铜壁接触，快速淬冷生成玻璃层。因此，一般认为该玻璃层的主要成分与初始液渣相同，没有明显的大范围成分偏聚，也不会影响剩余液渣的成分。随着固渣膜持续生长增厚，晶体在固一液渣界面凝固前沿逐渐析出。在析晶种类确定时，晶体的析出势必会造成结晶成分以外的元素在靠近凝固前沿液渣中富集。虽然凝固前沿处的液渣对流作用会促进界面富集元素向液渣扩散，但固-液渣膜界面处液渣存在边界层，其成分难与初始液渣一致。因此，固渣膜凝固结晶过程可导致凝固前沿液渣出现成分偏聚现象，并对后续渣膜凝固结晶行为产生影响。

为确定高碱度保护渣固渣膜生长过程中，渣膜内部是否有宏观成分偏聚现象，分别获取液渣温度为 1 300 ℃、1 350 ℃及 1 400 ℃，凝固时间为 60 s 时的渣膜，制样后，使用 SEM-EDS 分析固渣膜截面不同区域的平均成分信息。固渣膜内部晶体颗粒粗大，微区成分不均匀性非常显著，微区晶体及玻璃基体成分差别大，使用 EDS 线扫描得到的数据波动性非常大，无法分析。因此，选择检测固渣膜截面典型部位面积较大区域的平均成分，固渣膜截面区域成分检测位置如图 4-30 所示，为使检测成分变化趋势结果准确，选取如图 4-30 两组(A、B)位置，每组检测如图 1～6 个区域 Na、Al、Ca、F、Si 等元素的平均成分。

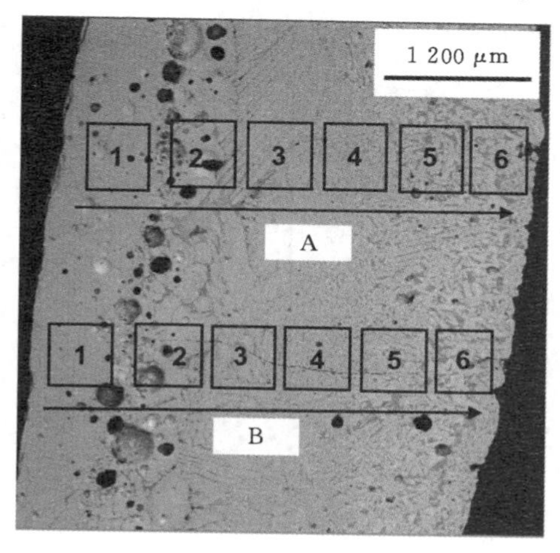

图 4-30　SEM-EDS 检测固渣膜截面各区域成分位置示意图，背散射电子像

由于 EDS 检测原子序数较小的元素，如硼、碳、氟的含量时，其准确性一般较差，得到的结果只能定性分析相对含量，本实验条件下得到的氟与氧的含量结果整体偏小。又由于 EDS 检测成分归一化计算的原因，得到的 Ca、Si 等元素含量比实际偏大。因此，实验检测结果只用于分析不同区域成分相对含量变化，而非检测准确成分含量。

获取普通高碱度保护渣液渣温度为 1 350 ℃，凝固时间 60 s 时的固渣膜，固渣膜截面典型区域主要元素相对含量检测结果如图 4-31 所示。由图可知，对比 A、B 两组结果，同种元素均有类似变化趋势。随着固渣膜的生长，渣膜截面不同部位同种元素变化趋势也较明显。

当熔融液渣接触铜壁时，快速冷却形成玻璃层，即图 4-30 中区域 1 附近。玻璃层中还没有明显晶体析出，此时液渣凝固速度较快。因此，一般认为该区域玻璃层成分与原始液渣成分相同。随着渣膜凝固时间的增加，部分晶体开始在凝固前沿固-液界面析出。与此同时，脱玻璃化晶体也逐渐在初期凝固的渣膜玻璃层中析出。由于脱玻璃化析晶与凝固前沿液渣无成分交换，且一般析出晶体尺寸不大，因此脱玻璃化析晶不会引起渣膜凝固前沿液渣中的成分偏聚。

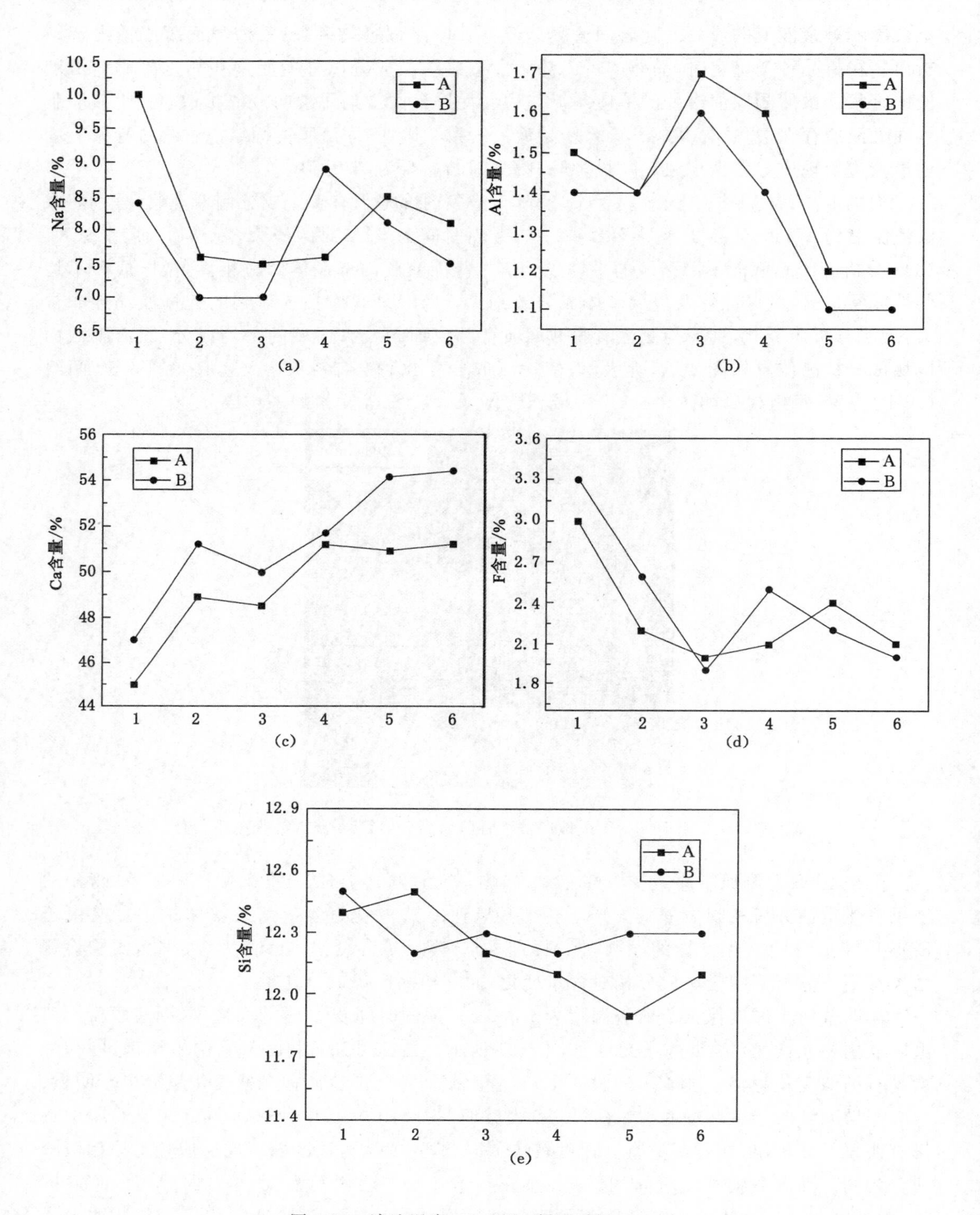

图 4-31　液渣温度 1 350 ℃,凝固时间 60 s 时

普通高碱度保护渣凝固渣膜截面典型区域元素相对含量

随着凝固时间的进一步增加，枪晶石($Ca_4Si_2O_7F_2$)开始在固-液界面大量析出，对应区域2附近的Al、Na元素含量有不同程度的下降，这是由于枪晶石($Ca_4Si_2O_7F_2$)在此区域析出后，枪晶石体积比大幅度提高，造成Na、Al等不参与析晶的元素含量相对下降，尤其是Na原子不生成复杂的离子团，迁移扩散较容易，其含量下降明显。随着渣膜凝固时间持续增加，凝固前沿液渣中富集的Na、Al等元素，容易以三斜霞石($NaAlSiO_4$)的形式与枪晶石混合大量析出，使区域3、4部分的Na、Al含量有一定程度的上升。区域4附近典型析晶形貌如图4-32所示。通过扫描电子显微镜配合X射线能谱(SEM-EDS)，并使用较低的加速电压(10 kV)，分析了图4-32中具有典型形貌晶体的成分，并结合前述固渣膜XRD检测结果，确定了渣膜截面中主要晶体的形貌，即枪晶石为块状和多面枝晶状，三斜霞石为细小不规则点状。随着渣膜凝固的进行，固渣膜中Si元素含量保持在较高水平，但F等熔渣黏度调节组元的含量不断降低，在很大程度上体现了凝固前沿附近液渣黏度有上升趋势。图4-30中，从区域4附近向区域6过渡时，可明显见到固渣膜截面玻璃体比例有增加的趋势。

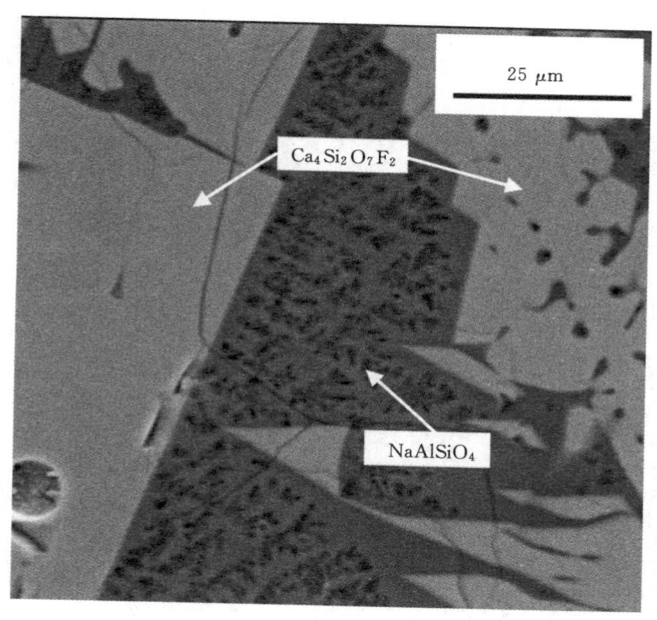

图4-32　普通高碱度固渣膜截面内区域4附近晶体形貌，背散射电子像

由渣膜截面成分变化及渣膜结构可知，固-液渣膜界面处的凝固析晶可引起凝固前沿液渣成分偏聚，导致凝固前沿液渣黏度升高，玻璃化趋势增强，同时由于枪晶石与三斜霞石混合析出，在很大程度上导致了固渣膜生长速率在凝固后期明显增加(见图4-2)。这与作者前期针对普通高碱度保护渣，使用蘸渣法(见图3-4)分离析出晶体与剩余液渣后，检测剩余液渣物化性能，发现剩余液渣黏度与结晶能力均由部分升高的趋势一致。此外，普通高碱度保护渣固渣膜凝固前沿液渣黏度有增加风险，固-液渣膜界面对流传热系数可能减小，使实验室获取渣膜过程中，通过固渣膜的瞬时和稳态热流密度有减小可能。

上述是液渣温度为1 350 ℃，渣膜凝固时间为60 s时，获取的普通高碱度固渣膜截面不同部位的成分偏聚规律及分析。当液渣温度为1 300 ℃和1 400 ℃时，分析获取渣膜截面不同部位成分的偏聚规律类似，不再重复。

在生产现场结晶器内，受到结晶器壁与坯壳间的空间限制，液渣膜厚度很薄，与实验室使用水冷探头获取凝固渣膜相比，实际结晶器内固渣膜凝固前沿液渣量很少[97,98]。因此，在实际生产过程中，虽然不断有初始成分液渣自弯月面流入补充，但固渣膜凝固前沿的析晶行为导致的成分偏聚，对剩余液渣膜性能的影响会十分显著。

使用同样的方法，通过扫描电子显微镜配合 X 射线能谱(SEM-EDS)分析了典型超高碱度保护渣凝固渣膜截面沿厚度方向不同区域的成分变化规律，但并没有发现各宏观区域有明显的成分偏聚现象。如图 4-33 所示，当渣膜初始冷却凝固较快时为玻璃体，没有明显的成分偏聚，随凝固进行而出现的脱玻璃化析晶也不会造成凝固前沿附近液渣成分的波动。当粗大的板条状枪晶石开始在固-液渣膜界面析出时，凝固前沿液渣容易被板条状枪晶石捕捉(见图 4-33)，枪晶石析出长大所需部分元素即来自该部分液渣。随着上述板条状枪晶石的长大，被板条状枪晶石捕捉的液渣也开始凝固结晶。因此，与普通高碱度保护渣相比，本书涉及的超高碱度保护渣固渣膜在结晶过程中，凝固前沿与液渣本体的成分交换相对较少，从而减小了凝固时，固-液界面处液渣成分和性能的改变程度，减小了凝固结晶时成分偏聚的影响。

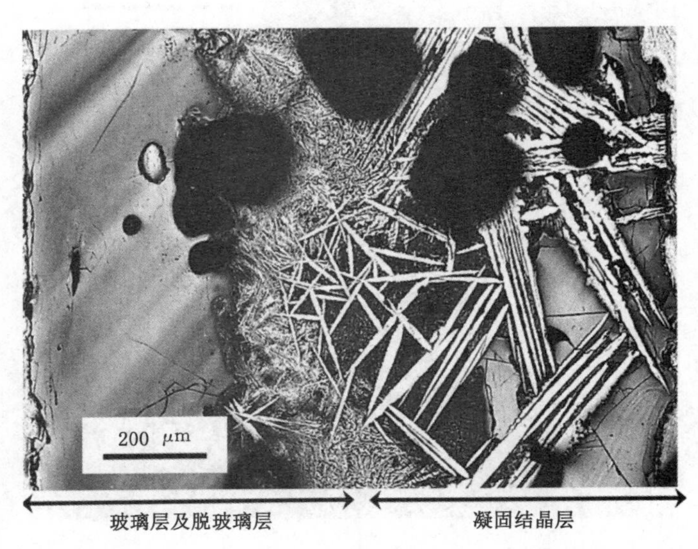

图 4-33　液渣温度 1 400 ℃、凝固时间为 30 s 时获取的典型超高碱度保护渣固渣膜截面形貌

九、高碱度保护渣导热系数的测定

导热系数是评估固渣膜传热能力的主要参数。为准确检测凝固保护渣的导热系数，本书使用脉冲激光法检测不同温度条件下，液渣凝固后渣样的导热系数。

脉冲激光法检测固渣样导热系数过程示意图如图 4-34 所示。实验检测前，需将保护渣样制成厚度均匀的圆片(通常直径 12.7 mm×厚度 3 mm)，并在惰性气氛下将样品加热到预定温度，保温后使用脉冲激光小幅度加热样品一侧表面，通过在线红外检测样品另一侧表面的升温信号及时间数据，计算样品的有效导热系数和比热容。

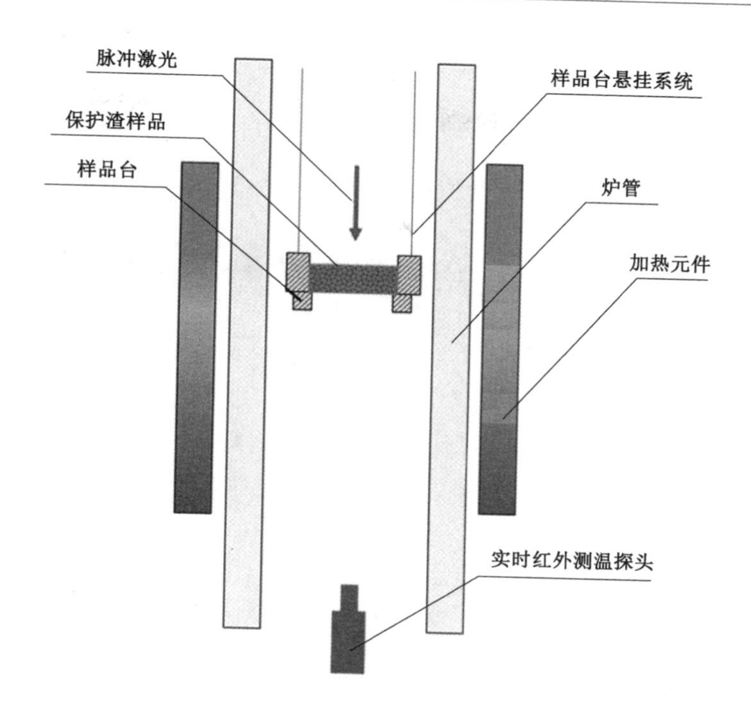

图 4-34　脉冲激光法检测渣样导热系数示意图

由导热系数的定义可知，导热系数与材料密度、比热、热扩散系数存在下述关系：

$$\lambda = \alpha\rho c \tag{4-1}$$

式中　λ——导热系数；

α——材料热扩散系数；

c——材料比热容；

ρ——材料密度，g/cm^3；

因此可由材料的上述性质计算导热系数。

当脉冲激光照射在试样表面后，该表面温度瞬时升高，受到激光照射的表面为热面，热面能量将以一维方式向样品冷面传递，使用红外探头实时检测冷面的温度上升信号，可得冷面温度随时间的上升关系，得到冷面上升至最高温度 T_M 所需时间的一半 $t_{1/2}$，即可使用式(4-2)所示傅里叶传热方程计算材料的热扩散系数 α。

$$\alpha = \frac{1.38\,L^2}{\pi^2\ t_{1/2}} \tag{4-2}$$

式中　α——材料热扩散系数；

L——试样厚度；

$t_{1/2}$——半升温时间。

一般而言，最适宜的试样厚度应满足半升温时间 $t_{1/2}$ 超过激光脉冲宽度时间的 50 倍。

式(4-1)中的比热容数据可采用 DSC 检测。在脉冲激光实验中，也可使用比较法，将待测样品与尺寸一致，热物性和表面粗糙度近似的标准样品参比得出。基于材料比热容的定义有：

$$c = \frac{Q}{\Delta T m} \tag{4-3}$$

式中 c——材料比热容；

Q——吸收的热量；

ΔT——材料吸热后温度的上升值；

m——材料的质量。

将标样(st)的比热容计算式与待测样(sa)比热容相除，可得式(4-4)。

$$\frac{C_{st}}{c_{sa}} = \frac{\dfrac{Q_{st}}{\Delta T_{st} m_{st}}}{\dfrac{Q_{sa}}{\Delta T_{sa} m_{sa}}} \tag{4-4}$$

当脉冲激光能量和照射时间相同的条件下，待测样与标样吸收热量相同，有 $Q_{st} = Q_{sa}$，因此式(4-4)可简化为式(4-5)。

$$C_{sa} = \frac{C_{st} \Delta T_{st} m_{st}}{\Delta T_{sa} m_{sa}} \tag{4-5}$$

式中 C_{sa}——待测样品的比热容；

C_{st}——标样的比热容；

ΔT_{st}——标样的升温值；

ΔT_{sa}——待测样的升温值；

m_{st}——标样的质量；

m_{sa}——待测样的质量。

待测样的比热容即可由式(4-5)计算。待测试样的密度可由质量和体积直接计算得到。

检测得知试样不同温度下的热扩散系数、比热容及密度后，即可通过式(4-1)计算得到不同温度下待测样的导热系数。

由于试样有效厚度 L 在检测计算中决定了热扩散系数等重要参数的值，因此使用激光脉冲原理测试固渣样的导热系数时，样品表面必须平整均匀，且无明显缺陷。样品上下两个检测面必须喷涂碳粉，首先喷涂碳粉可避免脉冲激光直接透过样品达到下表面，影响检测；其次，表面喷涂碳粉也可减少样品表面对激光的反射，增加试样表面对激光脉冲能量的吸收，并且保证试样微区与脉冲激光发生反应而熔化、气化，避免检测数据误差增大。使用本方法测试得到的有效导热系数剔除了可能的红外射线透过对传热的影响，实际传热过程中，样品的有效导热系数可能比检测值更大。

(1) 脉冲激光检测样品的制备

由于保护渣凝固渣样的特殊性，检测用样品需要使用适当方法制备。由前述检测原理可知，脉冲激光法检测导热系数对试样尺寸精确度的要求较高，尤其是对试样厚度的准确性和均匀性要求较高。由于导热系数通过样品厚度计算，而样品总厚度较薄，因此厚度误差过大或厚度不均，都将大幅度增加检测结果误差。

由于目前保护渣多为 $CaO \cdot SiO_2 \cdot CaF_2$ 或 $CaO \cdot Al_2O_3$ 体系渣剂，凝固渣膜硬度较高且质脆，直接加工研磨水冷探头实验获取的固渣膜，并将其制成满足脉冲激光实验尺寸要求的完整圆片样十分困难。因此，首先加工制成内径为 12.7 mm 的长筒状高纯石墨坩埚，将预熔均匀后冷却的块渣放置在石墨坩埚中，使用小型感应炉快速加热熔化预熔渣块，在

1 300 ℃附近保温熔清后自然冷却，获得外径符合制样要求的渣柱。实验中，感应炉石英炉管两端使用水冷法兰固定，加热感应线圈套放炉管中部。因此，在冷却降温过程中，长筒石墨坩埚顶部和底部冷却热通量最大，较先凝固。液渣完全凝固冷却后，取出凝固的圆柱渣条，典型形貌如图 4-35 所示。其长度约为 35 mm，直径为 12.7 mm。

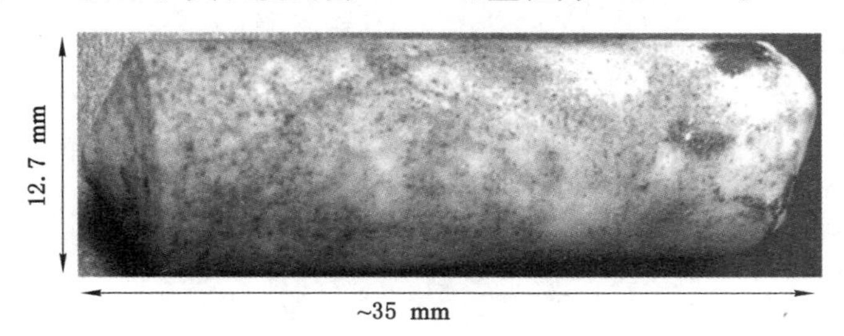

图 4-35　实验制备的圆柱形渣柱

坩埚冷却时，渣柱轴向冷却最明显，因此使用精密切割机，从渣柱上部截取检测用圆片渣样，截取样品厚度 3 mm，直径 12.7 mm，如图 4-36 所示。此外，需要使用尖头千分尺测量圆片渣样不同位置的厚度，计算厚度平均值。由于试样表面粗糙度的变化可影响表面对激光的反射率，为了使检测结果更加准确，将圆片渣样表面粗糙度 R_a 研磨至参比标准石墨样同等粗糙度水平。

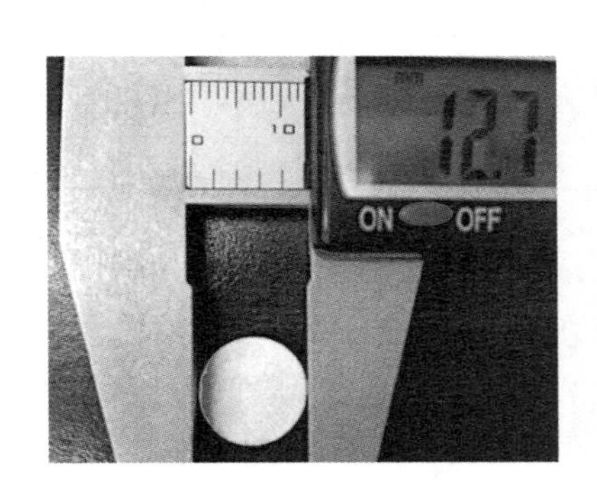

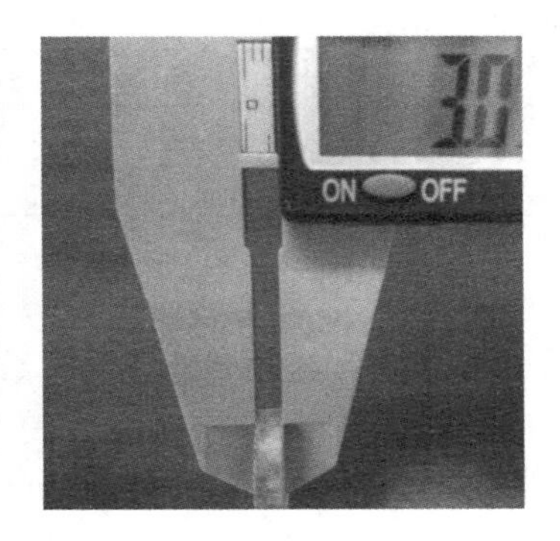

图 4-36　加工获得的圆盘状渣样的宏观形貌及尺寸

与结晶比例较高的凝固渣样对比，玻璃体比例较高的渣样脆性增加。当凝固渣样中，玻璃相超过一定比例后，即使用精密切割机低速切割渣样，裂纹、破碎等情况仍会在制样过程中出现。因此，脉冲激光实验目前只适用于测试结晶趋势较强，晶体比例较高样品的导热系数。本书实验制备的普通高碱度样品的微观形貌结构如图 4-37 所示。由渣样宏观、微观形貌可知，测试样品中玻璃相占比很低。经过检测发现，典型试样的内部总体闭孔率均小于 2%。

（2）检测过程与结果分析

将前述获取的圆片试样上下表面均匀喷涂炭浆，干燥后待用。实验中，炉管内使用惰性气氛保护。使用标准石墨作为参照样，将保护渣样与标准石墨样放入炉管，从室温开始加热升温，升温速率为 50 ℃/h，当温度上升至 300 ℃时开始测试，测试温度点间隔为 100 ℃。检测脉冲激光照射在样品一侧表面后，另一侧冷面对应的升温响应曲线，计算得到半升温时间

图 4-37　普通碱度保护渣检测导热系数试样的典型微观形貌结构(背散射电子相)

$t_{1/2}$,即可由式(4-2)计算得出渣样的热扩散系数,渣样的比热容可由式(4-5)计算得出,由式(4-1)计算得出渣样的有效导热系数。样品冷面的实时温度使用非接触红外测温元件检测,脉冲激光组件采用液氮连续冷却。检测不同温度时,普通高碱度保护渣样的比热容及有效导热系数如表 4-4 所示。

表 4-4　普通高碱度渣样(宏观全结晶状态)不同温度时的比热容与有效导热系数

温度/℃	307	411	515	615	712
比热容/[J/(kg·℃)]	2 445.9	2 017.7	1 923.1	2 284.6	2 303.8
有效导热系数/[W/(m·K)]	3.67	3.30	3.42	3.49	4.26

在本实验条件下,检测温度超过 700 ℃左右时,实验自动终止。由表 4-4 可知,实验获得的 712 ℃时样品比热容和有效导热系数数据中,有效导热系数在 712 ℃时上升明显。测试后的对应样品制样分析后发现,样品表面出现了液相熔化,表面开始软熔凹陷,形成开放孔洞,使样品内部结构改变,实际有效厚度降低。图 4-38 所示,即为对应样品表面形貌。因此,700 ℃以上获取的数据不准确,检测温度 307～615 ℃时的数据准确。本书有效检测温度范围内,普通高碱度渣样有效导热系数如图 4-39 所示,在 3.30～3.67 W/(m·K)范围内。

使用同样的方法,制样获取了超高碱度保护渣的样品(Φ12.7 mm×3 mm)用于导热系数的检测,脉冲激光实验样品截面显微形貌如图 4-40 所示。同样,超高碱度保护渣样品几乎为全晶体结构,且晶体主要形貌为粗大板条状,X 射线衍射确定主要矿相为枪晶石,与水冷铜探头凝固获取固渣膜中枪晶石形貌结构类似。超高碱度保护渣样品闭孔率检测结果与普通高碱度样品闭孔率无显著区别,均小于 2%。

不同温度下,脉冲激光实验检测所得超高碱度保护渣样品有效导热系数及比热容见表 4-5。由表可知,与普通高碱度保护渣类似,当检测温度超过 700 ℃后,超高碱度渣样内开始出现液相,样品内部结构改变,表面出现软熔塌陷,导致样品有效厚度改变。因此,712 ℃时检测得到的比热容与有效导热系数均大幅度升高。在本实验检测温度范围内,超高碱度样品有效导热系数如图 4-41 所示,在 3.17～3.51 W/(m·K)范围内波动。与前述普通高碱

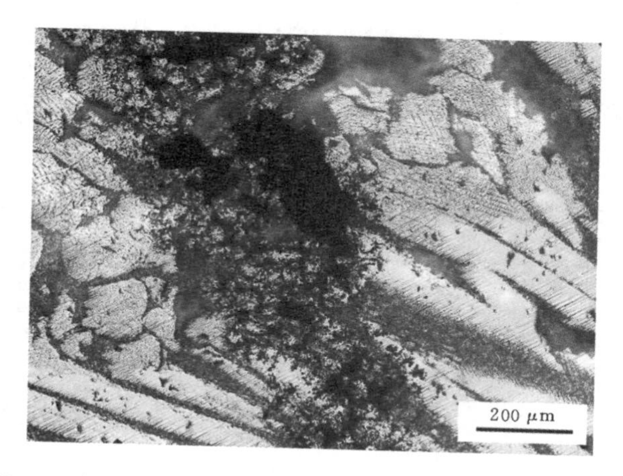

图 4-38　700 ℃以上检测导热系数后普通高碱度保护渣样品表面形貌(光学显微镜像)

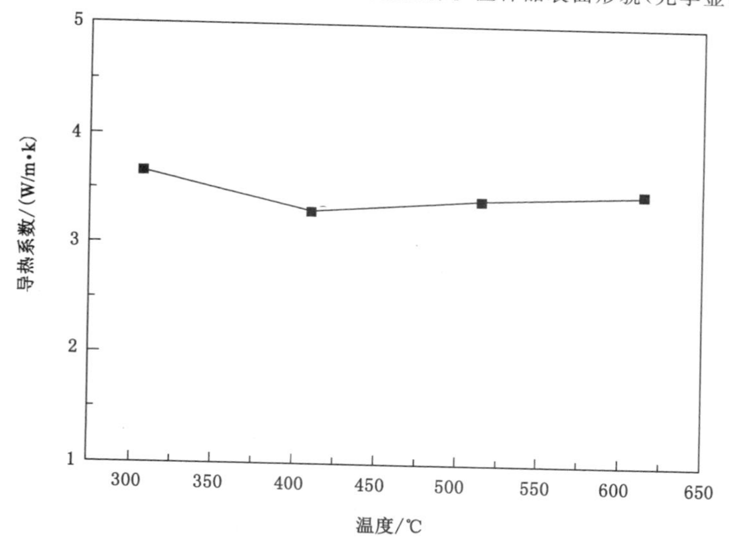

图 4-39　不同温度下普通高碱度保护渣样品有效导热系数

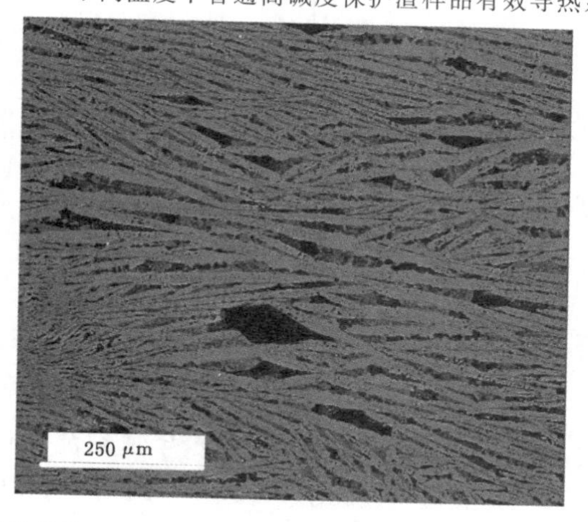

图 4-40　超高碱度保护渣检测导热系数试样的典型微观形貌结构(背散射电子相)

度保护渣，在相同温度范围内的有效导热系数[3.30～3.67 W/(m·K)]并无显著区别。

表 4-5 超高碱度渣样(宏观全结晶状态)不同温度时的比热容与有效导热系数

温度/℃	306	411	514	614	712
比热容/[J/(kg·℃)]	1 668.4	1 860.5	1 967.9	2 150.8	3800.2
有效导热系数/[W/(m·K)]	3.17	3.26	3.26	3.51	5.64

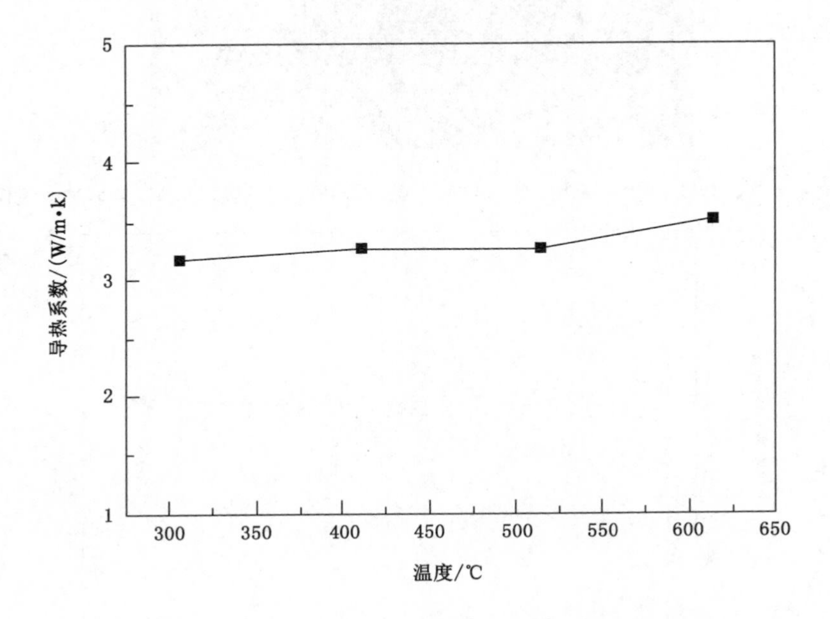

图 4-41 不同温度下，超高碱度保护渣样品有效导热系数

本实验条件下，导热系数测试样品的闭孔率均小于 2%，且均为宏观全结晶。使用 X 射线衍射检测了普通高碱度及超高碱度试样的矿相组成，显示其主要矿相与水冷铜探头实验获取固渣膜的主要矿相相同，均为枪晶石。因此，在析出枪晶石的形貌不同及成分有细小差别时(超高碱度保护渣凝固渣膜中，板条状枪晶石中含有 1%～2%的铝元素)，渣样的有效导热系数无显著区别。但是，与相关文献有差异的是，本研究条件下，直接检测获得的高碱度、结晶比例较高渣样的有效导热系数较高，在温度 307～615 ℃范围内时，有效导热系数为 3.17～3.67 W/(m·K)。由于脉冲激光检测试样上下表面需喷涂炭层，剔除了可能的辐射透过固渣膜的传热，因此有效导热系数为样品传导传热数据，在样品有辐射透过传热的条件下，其综合有效传热系数会更高。

十、高碱度保护渣固渣膜结构及传热特性讨论

目前，在连铸生产包晶钢等裂纹敏感较强钢种的过程中，为了避免坯壳表面及皮下出现纵裂等缺陷，普遍使用结晶倾向明显的高碱度保护渣，生成结晶比例较高的固渣膜，控制弯月面附近初生坯壳向结晶器的热流。与使用碱度较低、结晶倾向较弱的保护渣相比，高碱度保护渣在实际使用过程中，能减弱结晶器上部热流密度，与此同时也明显弱化了保护渣对坯

壳的润滑作用，润滑不良使连铸过程不稳定性增强，容易引起黏结、漏钢等现象和事故。

保护渣润滑坯壳的冶金功能由结晶器与初生坯壳间的液态渣膜实现，生产中如出现黏结、漏钢等润滑不良现象，保护渣方面一般指向液渣膜过薄或者不均。高碱度高氟保护渣的转折温度一般较高，凝固温度较高。一般认为，高碱度保护渣凝固生成的固渣膜较厚，由于坯壳与结晶器壁间的空间有限，容易导致液渣膜过薄，从而造成润滑不良。基于典型的普通高碱度及超高碱度保护渣，在不同条件下获取固渣膜的结构演变规律和渣样的传热特性，讨论如下：

（1）固渣膜冷面（与铜壁接触）粗糙度 R_a 的形成及演变

固渣膜与结晶器铜壁间的接触热阻一直被认为是坯壳冷却过程热阻的重要组成部分，可使用固渣膜冷面（与铜壁接触）的粗糙度 R_a 评价。由于渣膜表面粗糙度的重要性，已有文献进行了大量研究，例如检测坩埚内液渣凝固后自由液面轮廓的变化，以此计算自由面粗糙度大小，并据此评估结晶对固渣膜与水冷铜壁接触表面粗糙度的影响[43]；或结晶器内直接获取固渣膜，研究渣膜表面形貌结构[76]等。上述研究认为，固渣膜内晶体析出引起的收缩是造成渣膜冷面粗糙度的直接原因。也有研究者测试了保护渣凝固结晶过程中，不同晶体的收缩数据，发现枪晶石凝固析出时的收缩率在常见析出矿物中最大。基于上述结论，较多研究者偏向认为，枪晶石的凝固析出造成了固渣膜冷面粗糙度的升高，同时也可能增加了固渣膜内闭孔、裂纹等缺陷的出现。但因为结晶器内条件复杂，固渣膜凝固前沿有液渣存在，且有来自坯壳的钢水静压力，因此凝固前沿液渣中晶体析出造成的收缩，会直接被液相补充，并不能造成固渣膜体积的收缩。而脱玻璃化析晶是否与固渣膜冷面（与铜壁接触）粗糙度的形成有关，目前也没有得到直接研究的证明。

基于上述原因，作者通过实验，模拟研究了普通高碱度和超高碱度固渣膜冷面（与水冷铜壁接触）粗糙度的形成和演变规律，发现固渣膜冷面的粗糙度均在固渣膜凝固初期，即数秒内形成，此时还没有明显晶体析出。因此，初始粗糙度的生成与后续的结晶过程无关。同时，随着凝固时间增加，固渣膜冷面粗糙度没有明显增加的趋势，甚至超高碱度保护渣固渣膜的表面粗糙度随凝固时间的增加，甚至有下降趋势，而上述过程中，固渣膜内均有大晶体析出长大，近一步证明粗糙度的形成与析晶行为无直接关系。

证明了固渣膜与水冷铜壁的界面热阻在渣膜凝固初期即存在，并直接参与控制传热，较大的初始粗糙度有利于增加凝固初期渣膜-结晶器壁界面热阻，有利于控制传热。同时，发现液渣温度不同时，形成的固渣膜-结晶器壁初始界面热阻不同，而且会持续影响固渣膜后续的结构和传热特性，造成固渣膜厚度和结构的不均。

当碱度较高时，保护渣凝固渣膜冷面粗糙度水平较高，这并非由渣膜中析晶过程引起（由前述分析可知）。实验结果显示，高碱度、高氟保护渣凝固后生成渣膜冷面的粗糙度较大，也容易析出枪晶石。同时，结晶器内获取的固渣膜和水冷探头实验获取的固渣膜均明确提示：固渣膜冷面（与结晶器壁接触）存在开放气孔，并参与形成了渣膜冷面粗糙度。后续将阐述碱度较低，且结晶倾向较弱渣膜的冷面形貌和粗糙度水平，并与高碱度、高氟固渣膜对比。

（2）凝固渣膜的厚度与生长速率

一般认为，结晶性能较强的保护渣，其转折温度与凝固温度近似。由于高碱度、高氟保护渣转折温度相对较高，因此高碱度保护渣固渣膜相对较厚，有利于控制和均匀初生坯壳向结晶器传热。但固渣膜过厚或不均匀，也会造成液渣膜过薄恶化润滑。

由前面结论可知，液渣温度变化时，凝固初期普通高碱度保护渣固渣膜冷面(与铜壁接触)粗糙度波动明显，表明凝固初期渣膜-结晶器初始界面热阻不同，造成了后续固渣膜生长速率及厚度的大幅度波动。除了初生固渣膜冷面粗糙度不同以外，凝固析晶引起的宏观成分偏聚，以及液渣温度变化时固渣膜内闭孔生成行为的改变，均可促使固渣膜厚度及生长速率出现明显波动，通常以上因素相互作用，共同影响固渣膜的凝固行为特性。固渣膜生长速率、厚度、内部结构的不均可能造成传热不均的出现，而且会直接影响液渣膜的润滑特性。前文实验结论也解释了现场生产过程中，使用普通高碱度保护渣浇注时，结晶器弯月面温度波动时，更容易出现纵裂、黏结等不稳定现象的原因。并且上述不稳定现象在弯月面温度不均程度增强的情况下，如宽厚板连铸中显著加剧。

超高碱度渣膜的凝固结构演变行为特性表明，液渣温度变化时，超高碱度固渣膜的厚度及总体生长速率波动较小，固渣膜厚度相对稳定。

(3) 固渣膜中闭孔(闭孔率)的形成及演变

渣膜凝固过程中生成的闭孔能降低渣膜的表观密度和有效导热系数。从连铸现场结晶器内凝固获取的固渣膜中，经常可发现大量闭孔。但是，到目前为止没有可见文献对渣膜凝固生长过程中闭孔率进行定量检测和演变规律讨论。前文检测了不同条件下，获取的普通高碱度及超高碱度保护渣凝固渣膜的闭孔率，发现固渣膜内脱玻璃化层中的闭孔在凝固初期即形成，明显早于晶体析出。因此，该部分孔洞的生成与渣膜析晶行为无关。随着固渣膜凝固增厚，普通高碱度固渣膜闭孔率呈总体降低趋势。由于固渣膜脱玻璃化层中，闭孔体积占比随渣膜厚度增加而减小，导致普通高碱度渣膜生长速率在凝固后期呈增加趋势。超高碱度保护渣凝固渣膜闭孔率在生长过程中维持在较高水平，在一定程度上抑制了凝固后期固渣膜的快速增厚，这与超高碱度保护渣凝固渣膜热面(靠近液渣)附近大量粗大的板条状枪晶石的析出有关。

(4) 固渣膜的结晶行为及其对传热控制的影响

高碱度、高氟保护渣的重要特征之一，即是明显的凝固结晶倾向，也是其区别于低碱度保护渣的重要特征之一。同时，高碱度固渣膜中大量枪晶石的析出，也被认为是高碱度保护渣控制传热的关键。一般观点认为晶体析出控制传热的机理为：

① 凝固渣膜冷面(与铜壁接触)粗糙度由固渣膜中晶体析出引起的收缩造成，据此认为，固渣膜的结晶行为是造成固渣膜与结晶器壁间界面热阻的主要原因。

② 晶体析出促使固渣膜中产生大量闭孔，在一定程度上减小了固渣膜有效导热系数。

③ 证明了固渣膜中的晶体能反射和散射高温铸坯发出的红外射线，减少部分辐射传热。

针对凝固渣膜冷面(与铜壁接触)粗糙度的生成原因，前文实验结论表明，固渣膜与铜水冷壁接触面的粗糙度在凝固初期数秒内即形成，与后续固渣膜的液渣析晶和脱玻璃化析晶行为无关。即理论上而言，渣膜粗糙表面在无晶体析出时也可生成。实验室凝固获取的固渣膜和结晶器内获取的高碱度固渣膜冷面均发现大量的开放孔洞，表明高碱度保护渣凝固时，气体的逸出参与了表面粗糙轮廓的形成。一般观点并没有考虑凝固过程中，气体逸出造成固渣膜表面开放孔洞、凝固初期玻璃渣膜的半软状态、钢水静压力、固渣膜-铜壁相对运动等因素，也没有文献研究直接证明晶体的析出，增加了渣膜冷面(与铜壁接触侧)的粗糙度。

上述第②点中，一般认为固渣膜中晶体的析出可能导致闭孔、裂纹等缺陷生成，但前文实验结果表明，固渣膜凝固时，玻璃层中的闭孔先于凝固析晶和脱玻璃化析晶出现，凝固初期玻璃层中闭孔的形成与渣膜析晶无因果关系。但超高碱度保护渣固渣膜凝固前沿附近析出的粗大板条状枪晶石，在一定程度上保持或增加了固渣膜的总体闭孔率。

针对上述第③点，渣膜中晶体可反射、散射部分来自高温坯壳的红外辐射，起到控制传热的作用。但有文献研究提出，通过固渣膜的辐射传热比例占总体传热的20%左右[93]，且有大量文献报道，晶体比例较高的固渣膜，其有效导热系数明显大于同成分玻璃固渣膜[76,94]。同时，通过脉冲激光实验，直接检测所得全晶体渣样的导热系数也较大，达到了3.17～3.67 W/(m·K)，这在很大程度上减弱了晶体散射、反射红外射线对整体传热控制的贡献。Pistorius 等人同样通过实验和计算，得到含有部分闭孔且结晶比例较高的高碱度保护渣凝固渣膜导热系数为2.80 W/(m·K)，导热系数明显高于同体系玻璃膜渣[54,73]。

十一、小结

本节选取典型的普通高碱度及超高碱度保护渣，获取了不同液渣温及凝固时间下的固渣膜，研究并评价了获取渣膜的结构特征、演变规律及传热性能，并讨论了高碱度、高氟保护渣控制传热的机理，总结如下：

(1) 高碱度保护渣固渣膜冷面(与铜壁接触)粗糙度在凝固初期即形成，与后续的结晶行为无因果关系，而与固渣膜冷面开放孔洞生成有关。当熔融液渣温度较高时，凝固生成固渣膜冷面的粗糙度较高。液渣温度波动时(1 300～1 400 ℃)，普通高碱度保护渣固渣膜冷面粗糙度波动明显，且固渣膜凝固时粗糙度 R_a 总体偏小，为1.5～4 μm。液渣温度波动引起初生固渣膜冷面粗糙度波动，直接造成固渣膜后续生长速率及厚度出现明显差异；相同条件下，液渣温度波动(1 300～1 400 ℃)对超高碱度保护渣凝固渣膜冷面粗糙度影响较小。同时，超高碱度保护渣凝固过程中，固渣膜冷面粗糙度 R_a 平均水平较高，为3～5 μm，有助于初生固渣膜迅速有效控制传热。

(2) 高碱度、高氟保护渣凝固渣膜玻璃层及脱玻璃化层中，闭孔的形成与晶体析出无因果关系。普通高碱度固渣膜闭孔率随渣膜凝固生长呈降低趋势；超高碱度固渣膜闭孔率随渣膜凝固生长维持在较高水平，这与超高碱度渣膜凝固前沿粗大板条枪晶石的析出有关。

(3) 本实验条件下，普通高碱度凝固渣膜表观密度为2.23～2.74 g/cm³，真密度为2.62～2.86 g/cm³；超高碱度凝固渣膜表观密度为2.36～2.88 g/cm³，真密度为2.56～3.02 g/cm³；在液渣温度波动时(1 300～1 400 ℃)，超高碱度凝固渣膜的表观密度波动比传统高碱度渣膜小，尤其在渣膜凝固初期(15 s)时最为明显。

(4) 在渣膜凝固析晶过程中，普通高碱度渣膜凝固前沿存在成分偏聚现象，影响凝固前沿析晶和固渣膜生长行为。受超高碱度渣膜凝固前沿粗大板条晶体结构和结晶过程的影响，超高碱度渣膜结晶对凝固前沿液渣成分影响较小。

(5) 本实验条件下，总闭孔率均为1%～2%的全结晶超高碱度与普通高碱度保护渣样的导热系数差距不大，但普遍较高，为3.17～3.67 W/(m·K)(306～615 ℃)。

(6) 本实验条件下，在凝固渣膜冷面(与水冷铜壁接触)粗糙度和固渣膜闭孔分布、闭孔率的共同影响下，当液渣温度波动时，普通高碱度保护渣凝固渣膜生长速率波动较大，固渣膜厚度不均明显；超高碱度保护渣凝固渣膜生长速率波动较小，厚度均匀。

第二节 $CaO \cdot SiO_2 \cdot CaF_2$ 系低碱度保护渣凝固渣膜结构

在连铸生产过程中，虽然低碱度结晶倾向弱的保护渣润滑铸坯效果较好，但在包晶钢等裂纹敏感性强的钢种连铸时，控制传热效果不佳，无法避免纵裂等缺陷的生成。为了对比研究结晶倾向明显的高碱度和结晶倾向较弱的低碱度固渣膜结构差异，明确固渣膜各结构参数对传热的影响，选择连铸现场使用的 $CaO \cdot SiO_2 \cdot CaF_2$ 系低碱度结晶倾向较弱的保护渣，获取不同条件下的凝固渣膜，研究确定固渣膜结构特征及演变规律，并与高碱度凝固渣膜结构进行对比分析。

一、$CaO \cdot SiO_2 \cdot CaF_2$ 系低碱度保护渣的选择及固渣膜获取

选取连铸生产现场使用的典型 $CaO \cdot SiO_2 \cdot CaF_2$ 系低碱度保护渣，其主要成分见表 4-6。该渣样的半球点熔化温度、1 300 ℃下高温黏度及转折温度等性能见表 4-7。将 250 g 渣样熔清后升温至 1 300 ℃保温，倒出空冷后宏观断口无明显晶体存在，为全玻璃体。固渣膜的凝固获取与高碱度保护渣凝固渣膜获取方法相同。获取固渣膜使用的预熔渣量为 300 g，放入内径为 60 mm 的石墨坩埚，使用二硅化钼电阻炉加热至设定温度保温；使用小尺寸水冷探头获取凝固渣膜，获取渣膜时探头浸入液渣深度为 12 mm，冷却水量 1.7 L/min。通过前期试验，确定实验中水冷探头浸入液渣的时间分别为 15 s、30 s、60 s、及 90 s，为研究液渣温度的波动对固渣膜凝固结构的影响，将实验液渣温度分别设定为 1 300 ℃、1 350 ℃及1 400 ℃。获取固渣膜后，分析不同条件对凝固渣膜结构的影响。

表 4-6 实验用 $CaO \cdot SiO_2 \cdot CaF_2$ 系低碱度保护渣的成分 %

CaO%/SiO_2%	Na_2O	F^-	Li_2O	MgO	Al_2O_3
0.88	10	10	1.6	1	3

表 4-7 实验用 $CaO \cdot SiO_2 \cdot CaF_2$ 系低碱度保护渣的高温特性

黏度$_{(1\,300\ ℃)}$/(Pa·s)	半球熔点/℃	转折温度/℃
0.092	1 086	1 148

二、低碱度保护渣凝固渣膜厚度及生长速率

不同液渣温度及凝固时间（探头浸入液渣时间）下，凝固获取固渣膜的厚度信息如图 4-42所示。

由图 4-42 中固渣膜的厚度演变可知，随着探头浸入液渣时间不同，即渣膜凝固时间的增加，固渣膜厚度逐渐增加，且液渣温度较高时，凝固获得渣膜厚度较薄。不同液渣温度和凝固时间下，获得固渣膜厚度演变规律符合第三章数学模型计算趋势。

与高碱度、高氟保护渣凝固渣膜相比，图 4-42 所述 $CaO \cdot SiO_2 \cdot CaF_2$ 系低碱度保护渣凝固膜的生长速率总体偏慢，当液渣温度为 1 300 ℃，且凝固时间超过 60 s 后，实验获取固渣膜的厚度均匀性显著下降；凝固时间超过 60 s 后，固渣膜厚度趋于平稳。

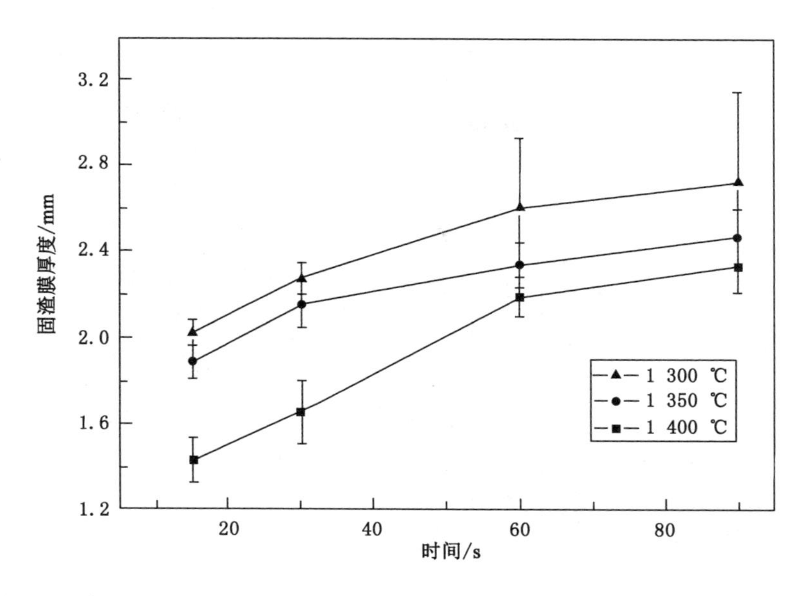

图 4-42　凝固时间不同及液渣温度不同时实验获取低碱度保护渣凝固渣膜的厚度

三、低碱度固渣膜与铜壁接触表面粗糙度

由于固渣膜与水冷铜壁间界面热阻是高碱度保护渣初生渣膜控制传热的重要组成部分,为明确典型高碱度与低碱度保护渣固渣膜-水冷铜壁界面热阻的差异,检测了 $CaO\cdot SiO_2\cdot CaF_2$ 基低碱度保护渣凝固渣膜冷面(与铜壁接触)的粗糙度,结果如图 4-43 所示。由图可知,针对 $CaO\cdot SiO_2\cdot CaF_2$ 基低碱度保护渣,液渣温度的波动对凝固渣膜冷面粗糙度的影响规律不明显。但检测所得保护渣凝固渣膜冷面(与铜壁接触)粗糙度 R_a 范围为 1.08～2.67 μm,明显小于高碱度保护渣膜的粗糙度:普通高碱度固渣膜冷面粗糙度平均水平 1.5～4 μm;超高碱度固渣膜冷面粗糙度平均水平 3～5 μm。粗糙度检测结果与第三章传热模型计算结论及相关文献[55]研究结果一致,显示低碱度 $CaO\cdot SiO_2\cdot CaF_2$ 基凝固渣膜表面较光滑,粗糙度 R_a 较小,渣膜-铜壁界面热阻也相对较小,不利于控制传热。

$CaO\cdot SiO_2\cdot CaF_2$ 基低碱度渣膜冷面(与铜壁接触)典型形貌如图 4-44 所示,对应渣膜冷面典型轮廓曲线见图 4-45。可知,低碱度凝固渣膜表面光滑,且无明显开放孔洞参与粗糙表面形成。

与高碱度、高氟固渣膜冷面粗糙度和典型轮廓形貌对比发现,高碱度结晶倾向明显的固渣膜冷面具有大量开放孔洞,粗糙度较大,轮廓曲线也更为复杂。由于凝固初期,渣膜冷面(与铜壁接触)开放孔洞的生成对界面热阻和控制传热有重大意义,因此有必要明确该部分孔洞(开孔)的生成机理和影响因素。Kajitani 等人[96]分析了从连铸现场结晶器内获取的固渣膜,分析了渣膜孔洞中包含的气体组分,发现孔洞中的气体含有大量的 H_2O、H_2、及 CO 等气体,上述气体主要源于溶解在液渣中的水及二氧化碳。Ban-ya 及 J. Y. Park 等人[108,109]研究了 $CaO\cdot SiO_2\cdot CaF_2$ 系熔渣的水容量特性,研究结论表明,二元碱度对 $CaO\cdot SiO_2\cdot CaF_2$ 系熔渣水容量有显著影响。

二元碱度对水在 $CaO\cdot SiO_2\cdot CaF_2$ 系熔渣中溶解行为的影响为:

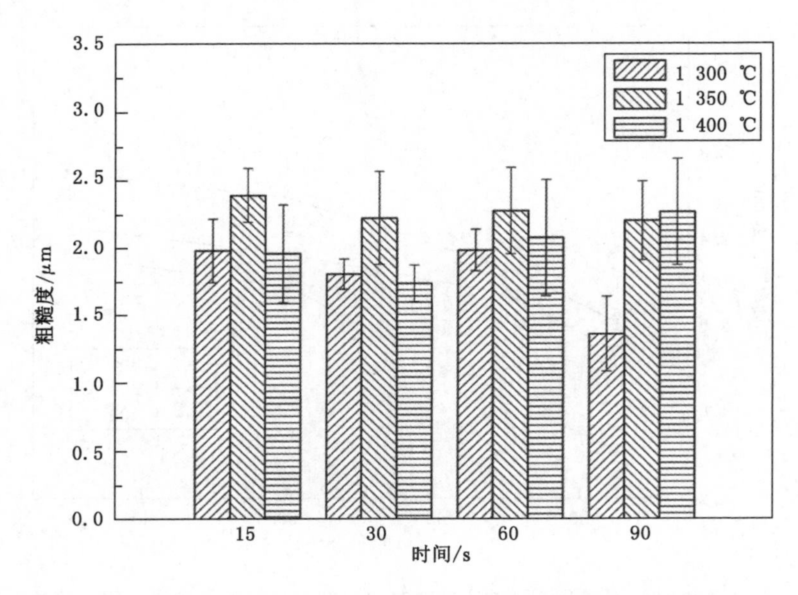

图 4-43 不同凝固时间和液渣温度下 $CaO \cdot SiO_2 \cdot CaF_2$ 系低碱度、高氟保护渣凝固渣膜冷面(与水冷铜壁接触)粗糙度

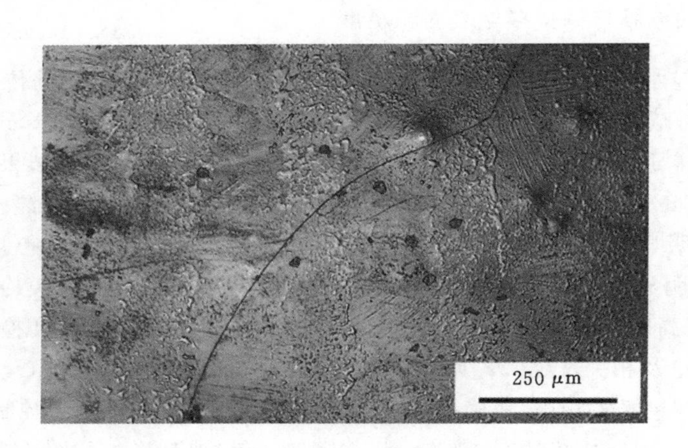

图 4-44 $CaO \cdot SiO_2 \cdot CaF_2$ 系低碱度保护渣凝固渣膜冷面(与铜壁接触)表面显微形貌

(1) 当熔渣碱度较低呈酸性时,水与熔渣硅氧网络中的桥氧(O^0)反应,形成结合态的羟基(—OH)。水在该反应中作为网络修饰体,具体反应如下:

$$(Si-O-Si)+H_2O(g) = 2(Si-OH) \tag{4-6}$$

(2) 当熔渣碱度较高呈碱性时,水与熔渣中自由氧离子(O^{2-})反应,形成游离态的羟基(OH^-)。具体反应如下:

$$(O^{2-})+H_2O(g) = 2(OH)^- \tag{4-7}$$

针对 $CaO \cdot SiO_2 \cdot CaF_2$ 系熔渣,提高碱度后,渣中含有大量游离氧离子,可显著增加熔渣的水容量[108,109]。因此,由于水与二氧化碳在高碱度熔渣中溶解度更高,并与渣中自由氧离子结合后分别形成 OH^- 和 CO_{32-}。随着温度降低,熔渣中气体溶解度逐渐降低,气体逸出,但由于高碱度熔融保护渣微结构单元简单,在转折温度之上降温,其黏度仍较低,因此高碱度

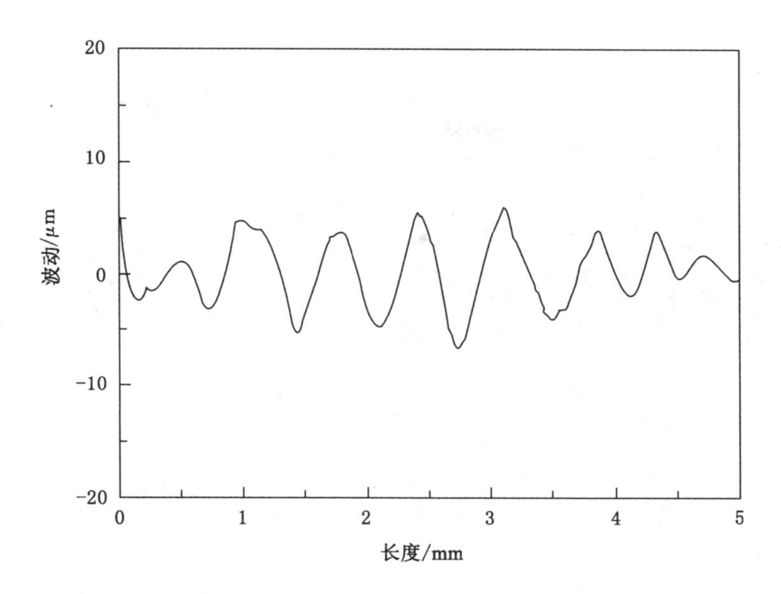

图 4-45　$CaO \cdot SiO_2 \cdot CaF_2$ 系低碱度保护渣凝固渣膜冷面(与铜壁接触)表面粗糙度典型轮廓曲线

保护渣在冷却过程中,气体逸出使固渣膜冷面(与铜壁接触)更容易形成开放孔洞,增加初生渣膜冷面粗糙度。但同时需要注意的是,冷却过程中如有大量气体不均匀逸出,也容易造成液渣膜不均,存在恶化坯壳润滑状况的风险。

四、低碱度固渣膜的结晶行为特性

本实验条件下,获取的典型低碱度固渣膜截面形貌如图 4-46 所示。当液渣温度为 1 350 ℃,凝固时间为 30 s 时,凝固渣膜中大部分为玻璃态,只有部分晶体在渣膜凝固前沿附近开始析出[图 4-46(a)中圈注区域];当固渣膜凝固时间增加至 60 s 时,渣膜中已有大量晶体析出(脱玻璃化析晶),表明低碱度固渣膜的脱玻璃化析晶主要发生在水冷探头浸入液渣后的 30～60 s 内。如图 4-46(d)所示,由于低碱度保护渣结晶倾向较弱,且渣膜内晶体多由脱玻璃化析晶生成,因此晶体平均尺寸不大,且无明显大尺寸的方向性枝晶出现。

虽然本书所述 $CaO \cdot SiO_2 \cdot CaF_2$ 系低碱度保护渣空冷宏观断口中无明显晶体存在,但在实验中,随着探头浸入液渣时间的增加,仍有部分晶体在玻璃渣膜中析出。选取探头浸入时间为 90 s 时的固渣膜,制样后使用 X 射线衍射(Cu K_α)检测了固渣膜中的析出矿相,结果见图 4-47(液渣温度 1 350 ℃,凝固时间 90 s 时获取的固渣膜)。X 射线衍射结论表明,本书所述低碱度 $CaO \cdot SiO_2 \cdot CaF_2$ 系渣膜主要结晶矿相仍为枪晶石,但由于渣膜玻璃体比例较高,因此晶体衍射峰的强度相对较低,有明显的非晶相包络线。

五、低碱度固渣膜的凝固密度演变

检测了 $CaO \cdot SiO_2 \cdot CaF_2$ 系低碱度保护渣凝固渣膜的表观密度及真密度,得到液渣温度及凝固时间不同时,获取的固渣膜真密度如图 4-48 所示,表观密度如图 4-49 所示。由图可知,随着探头浸入时间的增加,固渣膜真密度逐渐升高。当液渣温度较高,为 1 400 ℃时,初生固渣膜的真密度明显偏低。但随着晶体在玻璃渣膜中逐渐析出,其真密度液逐渐升高。

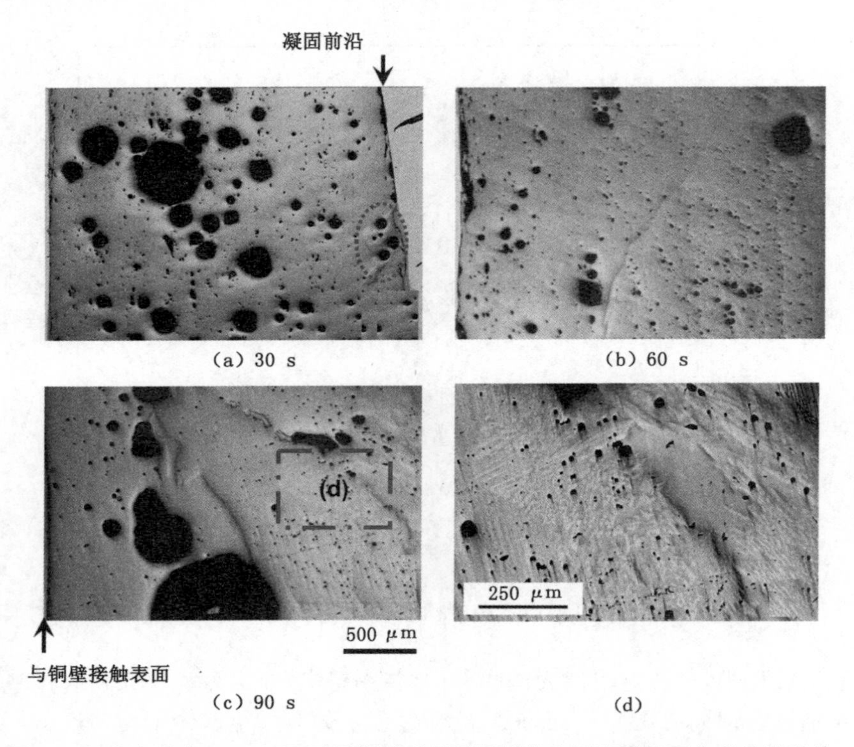

(a) 30 s (b) 60 s

(c) 90 s (d)

图 4-46 液渣温度 1 350 ℃,不同凝固时间下凝固获取固渣膜截面典型显微形貌

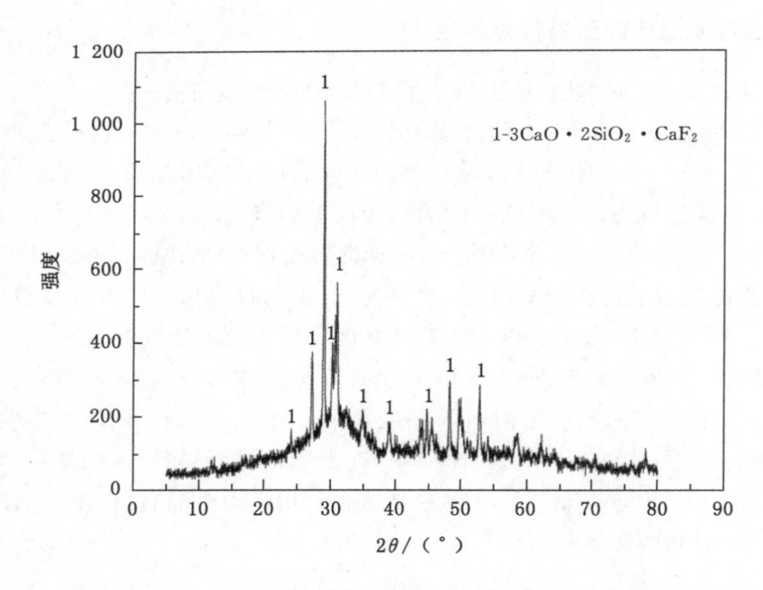

图 4-47 $CaO\cdot SiO_2\cdot CaF_2$ 基低碱度保护渣固渣膜 XRD(Cu Kα)检测结果

固渣膜的表观密度由于受渣膜内闭孔的生成和分布影响较大,因此当液渣温度及凝固时间不同时,表观密度的演变规律更为复杂。当保护渣液渣温度为 1 300 ℃及 1400 ℃时,凝固渣膜表观密度随凝固时间的增加先升高后降低;当液渣温度为 1 350 ℃时,凝固渣膜的表观密度总体较小,且随渣膜凝固增厚先降低后升高。因此,表观密度的明显差异主要由不

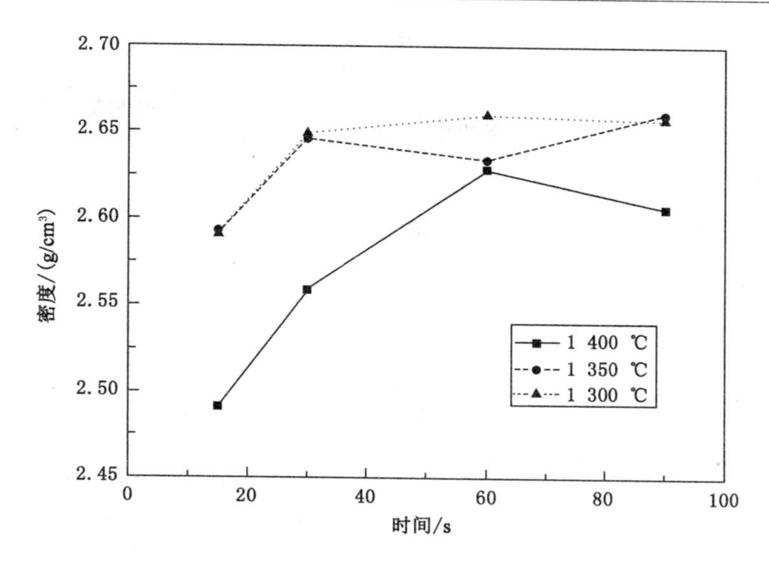

图 4-48　不同液渣温度及凝固时间下实验获取的低碱度保护渣凝固渣膜真密度

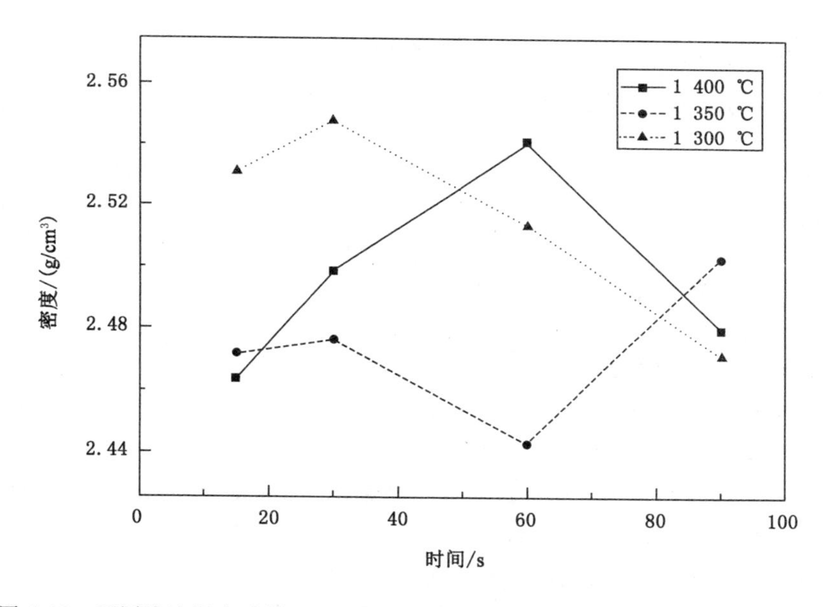

图 4-49　不同液渣温度及凝固时间下实验获取的低碱度保护渣凝固渣膜表观密度

同条件下，凝固渣膜内闭孔分布及闭孔率差异造成。本实验条件下，不同液渣温度及水冷探头浸入时间(凝固时间)下，凝固渣膜真密度为 2.49～2.66 g/cm^3，表观密度为 2.44～2.55 g/cm^3。总体而言，与高碱度保护渣凝固渣膜真密度(2.62～ 2.86 g/cm^3)相比，低碱度玻璃渣膜真密度总体明显偏低，但温度波动对高碱度固渣膜表观密度影响明显更大。

六、低碱度凝固渣膜中的闭孔及表征

由图 4-46 中固渣膜截面可知，$CaO \cdot SiO_2 \cdot CaF_2$ 系低碱度保护渣凝固渣膜内存在大量闭孔，检测不同液渣温度及凝固时间下获取的固渣膜总体闭孔率，结果如图 4-50 所示。由

图可知，液渣温度为 1 350 ℃时，凝固获取的固渣膜总体闭孔率较高，这是导致该温度下凝固渣膜表观密度较小的主要因素。

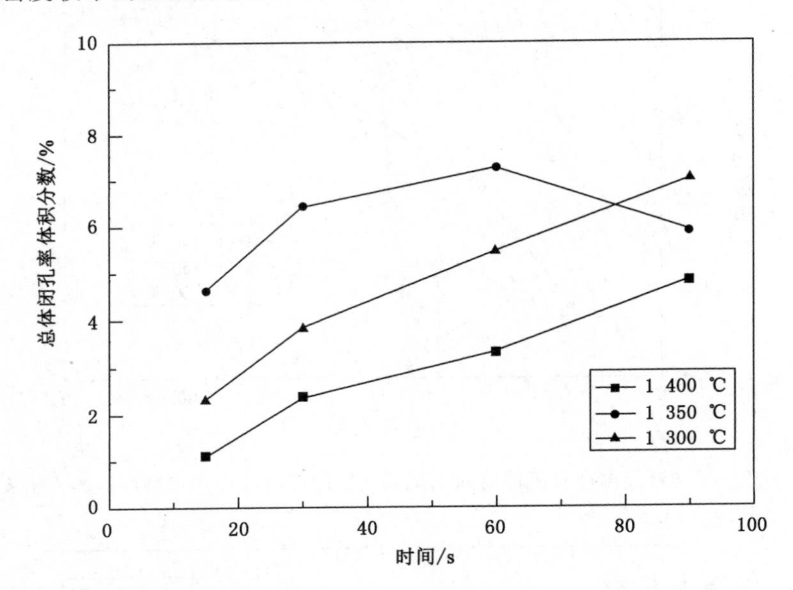

图 4-50　液渣温度及凝固时间不同时获取的 $CaO \cdot SiO_2 \cdot CaF_2$ 系低碱度保护渣凝固渣膜总体闭孔率

本书所述 $CaO \cdot SiO_2 \cdot CaF_2$ 系低碱度保护渣凝固渣膜的闭孔率随凝固生长的进行逐渐升高。当探头浸入时间(凝固时间)较短，为 15 s 时，本书涉及液渣温度下，固渣膜的闭孔率均低于 5%，普遍低于高碱度保护渣凝固渣膜初始闭孔率。初生渣膜闭孔率较低时，不利于渣膜凝固初期迅速控制传热。

七、低碱度保护渣固渣膜结构讨论

与高碱度保护渣凝固渣膜相比，本书涉及 $CaO \cdot SiO_2 \cdot CaF_2$ 系典型低碱度保护渣凝固渣膜结构特征及演变差异明显，主要在于：

(1) $CaO \cdot SiO_2 \cdot CaF_2$ 系低碱度凝固渣膜冷面(与铜壁接触)粗糙度 R_a 总体明显较小，表面轮廓光滑，无开放孔洞参与表面粗糙度形成。而高碱度凝固渣膜冷面(与铜壁接触)的粗糙度在凝固初期即形成，并参与凝固初期传热控制。因此，$CaO \cdot SiO_2 \cdot CaF_2$ 系低碱度玻璃渣膜较小的初始粗糙度无法使初生渣膜迅速有效控制传热。

(2) 低碱度凝固渣膜的生长速率比高碱度渣膜生长速率低，固渣膜厚度也明显更薄。实验结果与第三章模型计算结论及相关文献[55]研究结果趋势一致。表明同样条件下，生成的液渣膜相对较厚，有利于对初生坯壳提供更有效润滑。结论与 $CaO \cdot SiO_2 \cdot CaF_2$ 系低碱度保护渣控制传热能力较弱，但润滑坯壳能力相对较强的连铸现场经验规律吻合。

(3) 低碱度凝固渣膜中，闭孔率随着渣膜凝固时间增加而逐渐上升。液渣温度波动对初生固渣膜的闭孔率影响不大，渣膜凝固时间较短，为 15 s 时，总体闭孔率均不超过5%，明显低于高碱度渣膜凝固初期的闭孔率。

八、小结

本实验条件下，选取典型 $CaO \cdot SiO_2 \cdot CaF_2$ 系低碱度保护渣，获取了液渣温度不同及凝固时间不同时的渣膜，分析了凝固渣膜结构及演变规律，并与高碱度保护渣固渣膜凝固结构对比，得出如下结论：

(1) $CaO \cdot SiO_2 \cdot CaF_2$ 系低碱度保护渣凝固渣膜冷面(与铜壁接触)较光滑，无开放孔洞，粗糙度水平较小，$R_a = 1.08 \sim 2.67\ \mu m$，不利于固渣膜凝固初期迅速控制传热。

(2) 渣膜内析晶主要为脱玻璃化析晶，晶体主要为枪晶石，尺寸较小，无明显大尺寸方向性生长枝晶。

(3) 低碱度凝固渣膜的真密度为：2.49～2.66 g/cm^3；表观密度为：2.44～2.55 g/cm^3。凝固渣膜的真密度随凝固过程进行逐渐增大。

(4) 凝固渣膜的闭孔率随凝固时间增加逐渐上升，渣膜凝固初期闭孔率较低。液渣温度波动对初生固渣膜的闭孔率影响不大，渣膜凝固时间较短，为 15 s 时，总体闭孔率均不超过 5%。

第三节　$CaO \cdot SiO_2 \cdot Na_2O$ 系低氟和无氟保护渣固渣膜凝固结构

典型的普通高碱度保护渣、超高碱度保护渣及低碱度玻璃渣都是以 $CaO \cdot SiO_2 \cdot CaF_2$ 渣系为基础，并含有较高的氟含量。无论上述保护渣结晶能力强弱，其主要结晶析出矿相均为含有氟的枪晶石($3CaO \cdot 2SiO_2 \cdot CaF_2$)。氟是常用保护渣中的重要组分，主要起到调节高温熔渣黏度的作用，并可促进枪晶石的析出，控制传热。

近年来，保护渣中添加氟所造成的环境问题日益明显，含氟保护渣高温熔融态下挥发性很强，氟化物气体从熔渣中逸出可造成空气污染；同时，铸坯出结晶器后，表面黏附的固渣膜与二冷水接触，渣膜中的氟溶解进入二冷水中生成氢氟酸，可造成连铸设备的腐蚀[100-102]。因此，众多学者花费大量精力投入无氟保护渣的研究中，无氟保护渣的开发多集中在 $CaO \cdot SiO_2 \cdot TiO_2$ 和 $CaO \cdot SiO_2 \cdot Na_2O$ 系[102-107]。由于一般认为渣膜中晶体的析出是裂纹敏感包晶钢保护渣控制传热的重要手段，且传统保护渣主要的析晶矿相为含氟的枪晶石，因此保护渣无氟化后，需要寻找与枪晶石类似或更优的矿相替代枪晶石析出。但到目前为止，并没有找到合适的矿相替代枪晶石析出，控制传热(没有大规模应用，并证明其有效性)。除此之外，目前还发现一些特殊组分可能对保护渣冶金功能的发挥带来负面作用，如 $CaO \cdot SiO_2 \cdot TiO_2$ 系无氟保护渣中含有大量的 TiO_2，TiO_2 在连铸温度下，容易与保护渣液渣层中的碳反应(碳来自保护渣生产时加入的炭质材料，用以控制保护渣的烧结倾向和熔速，在结晶器液面上液渣中的富碳层内大量富集)，和/或与溶解在液渣中的氮元素反应，生成具有较高熔点的 TiC、$Ti(C,N)_x$ 等固相质点，造成保护渣液渣黏度特性恶化，影响保护渣消耗量和液渣膜润滑性能，导致黏结、漏钢等事故[106,107]。

高碱度、高氟保护渣凝固时，固渣膜与结晶器壁接触冷面的粗糙度较大，同时渣膜中又容易析出枪晶石。但经过分析得出，高碱度、高氟渣膜控制传热的主要途径为初生固渣膜冷面与水冷铜壁间的界面热阻，并且初生冷面粗糙度的形成与析晶过程无因果关系，而与初生固渣膜表面开放孔洞生成有关。因此，从理论上讲，可以寻找适宜的保护渣成分区域，使初生固渣膜冷面粗糙度较大且较稳定，以此控制传热。

由此可知，无氟保护渣的研究需从凝固渣膜的结构演变入手，研究保护渣低氟及无氟化后凝固渣膜的结构演变规律，力图寻找稳定和调控固渣膜结构、性能的手段，并调节和控制固渣膜的传热性能。由于已有研究表明，$CaO \cdot SiO_2 \cdot TiO_2$ 系保护渣存在不稳定因素[106]（高温液渣中析出高熔点难溶物相，如 TiC，$Ti(C,N)_X$ 等），因此本书选择典型的 $CaO \cdot SiO_2 \cdot Na_2O$ 系无氟及低氟保护渣，研究凝固渣膜结构演变规律及其对渣膜传热性能的影响。

一、低氟及无氟保护渣的选择及固渣膜获取

选择典型的 $CaO \cdot SiO_2 \cdot Na_2O$ 系低氟（LF）及无氟（FF）保护渣，具体成分见表 4-8。其高温黏度、半球点熔化温度及转折温度等高温物理性能见表 4-9。分别将 250 g 保护渣熔清后升温至 1 300 ℃保温，倒出空冷后，断口宏观晶体比例在 40%～60%之间。

表 4-8　实验用 $CaO \cdot SiO_2 \cdot Na_2O$ 系无氟(FF)及低氟(LF)保护渣成分　　%

No.	CaO%/SiO_2%	Na_2O	F^-	Li_2O	MgO	B_2O_3	Al_2O_3
FF	0.65	23	—	1	4	1	—
LF	0.70	23	3	—	—	—	1

表 4-9　实验用 $CaO \cdot SiO_2 \cdot Na_2O$ 系无氟(FF)及低氟(LF)保护渣高温物理性能

No.	黏度(1 300 ℃)/(Pa·s)	半球点熔化温度/℃	转折温度/℃
FF	0.230	1 075	1 163
LF	0.183	1 158	1 207

本实验条件下，无氟及低氟固渣膜的凝固获取方法与高氟保护渣实验方法相同。实验每次获取固渣膜，使用的预熔保护渣量为 300 g，放入内径为 60 mm 的石墨坩埚，使用二硅化钼电阻炉加热至设定温度保温；使用小尺寸、大宽厚比水冷探头浸入液渣获取凝固渣膜，探头浸入液渣深度为 12 mm，冷却水量 1.7 L/min。本实验条件下，探头冷却水进出口温差最大 6℃左右。为了对比相同条件下无氟、低氟保护渣与高氟保护渣凝固渣膜结构差别，液渣温度设置为 1 300 ℃、1 350 ℃和 1400 ℃。获取无氟保护渣（FF）固渣膜时，水冷探头浸入液渣时间设置为 15 s，30 s，45 s 及 60 s。当探头浸入液渣时间（渣膜凝固时间）较短时，低氟保护渣（LF）固渣膜较薄，且不完整，难以获得完整固渣膜。因此，针对低氟保护渣（LF），水冷探头浸入液渣时间需相对较长，设置为 60 s、90 s 及 120 s，获取固渣膜后，分析不同条件对凝固渣膜结构的影响。

二、无氟及低氟保护渣凝固渣膜厚度及生长速率

液渣温度和渣膜凝固时间（探头浸入时间）不同时，实验获取的低氟及无氟保护渣固渣膜厚度如图 4-51 所示。由图可知，在其他条件相同的情况下，本书所述 $CaO \cdot SiO_2 \cdot Na_2O$ 系无氟保护渣凝固渣膜厚度明显高于 $CaO \cdot SiO_2 \cdot Na_2O$ 系低氟保护渣。但表 4-9 中，保护渣高温物理性能显示，本书所述的低氟保护渣具有更高的转折温度和半球点熔化温度。由传热模型计算结论可知，除了保护渣凝固温度差异会影响固渣膜生长厚度外，固渣膜与铜壁

间的界面热阻和渣膜内部结构(影响渣膜有效导热系数)也会显著影响固渣膜的厚度及生长速率,无氟保护渣与含氟保护渣体系不同,因此无法仅通过对比不同体系保护渣转折温度等熔渣宏观物理参数判断不同体系保护渣固渣膜的凝固特性。

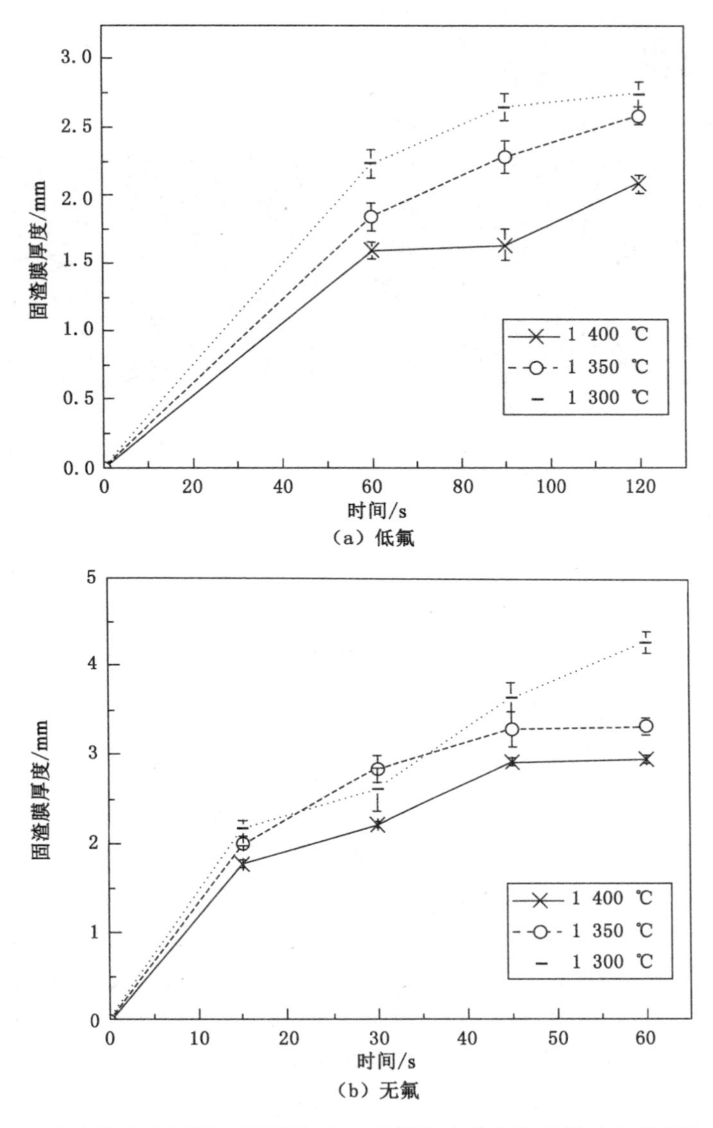

图 4-51　液渣温度和凝固时间不同时,水冷探头实验获取的保护渣凝固渣膜厚度

三、低氟及无氟固渣膜与铜壁接触表面粗糙度

凝固初期渣膜与水冷铜壁间的界面热阻会影响固渣膜后续的生长和内部结构,无氟及低氟保护渣凝固渣膜冷面(与铜壁接触)的典型形貌如图 4-52 所示。无氟及低氟固渣膜冷面显微形貌区别较大,低氟保护渣固渣膜表面分布众多直径数微米左右的细小颗粒,使用表面 XRD 分析发现,上述微小颗粒并非结晶,XRD 检测结果无明显结晶峰存在,固渣膜截面

显微形貌也显示，靠近表面位置处无晶体析出。因此，图 4-52(a)中表面粗糙形貌不是由析晶引起，而与保护渣自身凝固特性和冷却过程有关。相比低氟保护渣而言，无氟渣膜与水冷铜壁接触冷面相对光滑，可见凝固收缩引起的沟槽。

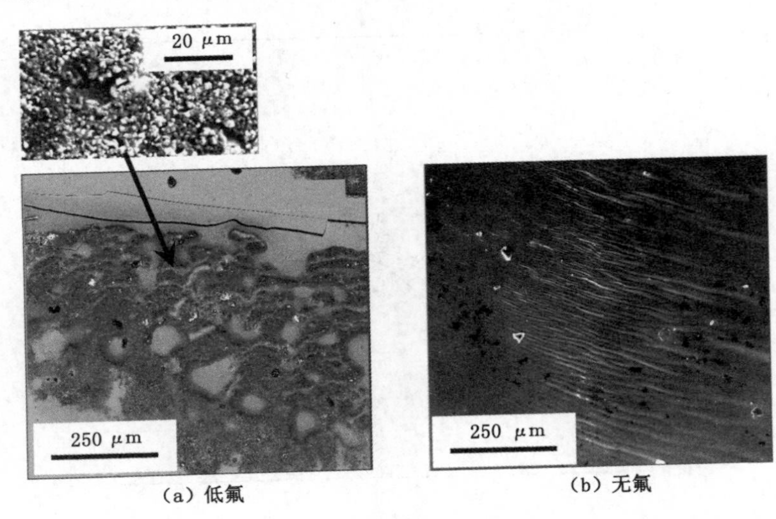

(a) 低氟　　(b) 无氟

图 4-52　$CaO \cdot SiO_2 \cdot Na_2O$ 系保护渣凝固渣膜冷面(与水冷铜壁接触)典型形貌

与高碱度高氟保护渣凝固渣膜表面形貌对比可知，不同种类保护渣凝固渣膜表面形貌区别较大。和低碱度玻璃渣类似，低氟及无氟保护渣凝固渣膜与铜壁接触表面也无开放孔洞参与粗糙表面形成。针对本书所述 $CaO \cdot SiO_2 \cdot Na_2O$ 系无氟及低氟保护渣，在液渣温度和凝固时间不同时，凝固获取的渣膜与水冷铜壁接触表面粗糙度如图 4-53 所示。

由粗糙度 R_a 检测结果可知，本书实验条件下，无氟和低氟保护渣凝固渣膜冷面粗糙度平均水平与普通高碱度保护渣差别不大，粗糙度 R_a 平均水平为 2～3.5 μm，但液渣温度变化时，凝固获取的固渣膜冷面(与水冷铜壁接触)粗糙度 R_a 波动较大。

与高氟、高碱度保护渣凝固渣膜相比，低氟及无氟固渣膜除了表面形貌不同以外，液渣温度对渣膜表面粗糙度 R_a 影响也不同。针对高碱度高氟保护渣，液渣温度较高时，凝固渣膜表面的粗糙度 R_a 较大；而针对 $CaO \cdot SiO_2 \cdot Na_2O$ 系无氟保护渣而言正好相反，液渣温度较高时，其凝固渣膜冷面(与铜壁接触)粗糙度 R_a 较小。但 $CaO \cdot SiO_2 \cdot Na_2O$ 系低氟保护渣凝固渣膜冷面粗糙度 R_a 与实验时液渣温度关系不明显。

图 4-54 所示，为本书条件下，$CaO \cdot SiO_2 \cdot Na_2O$ 系无氟(FF)及低氟(LF)保护渣液渣温度较高，为 1 400 ℃时，凝固渣膜冷面典型轮廓曲线，其粗糙度 R_a(表面轮廓平均算数偏差)分别为 3.1 μm 及 2.9 μm。但与高碱度高氟保护渣凝固渣膜冷面典型轮廓曲线形貌区别(如图 4-12 及图 4-13 所示)。由于粗糙度 R_a 为表面轮廓平均算数偏差，理论上无法直接反映固渣膜与水冷铜壁接触表面微区的细节形态信息，但微区不同的形态细节可能会对渣膜-铜壁界面热阻有不同影响，如图 4-54 中所示，低氟(LF)保护渣凝固渣膜表面分布有细小颗粒，对红外辐射有潜在的散射作用。因此，如需确定渣膜表面形貌与渣膜-铜壁界面热阻之间的具体对应关系，不仅需要检测和对比表面粗糙度 R_a 大小，同时也需要研究固渣膜表面不同形貌细节的影响。

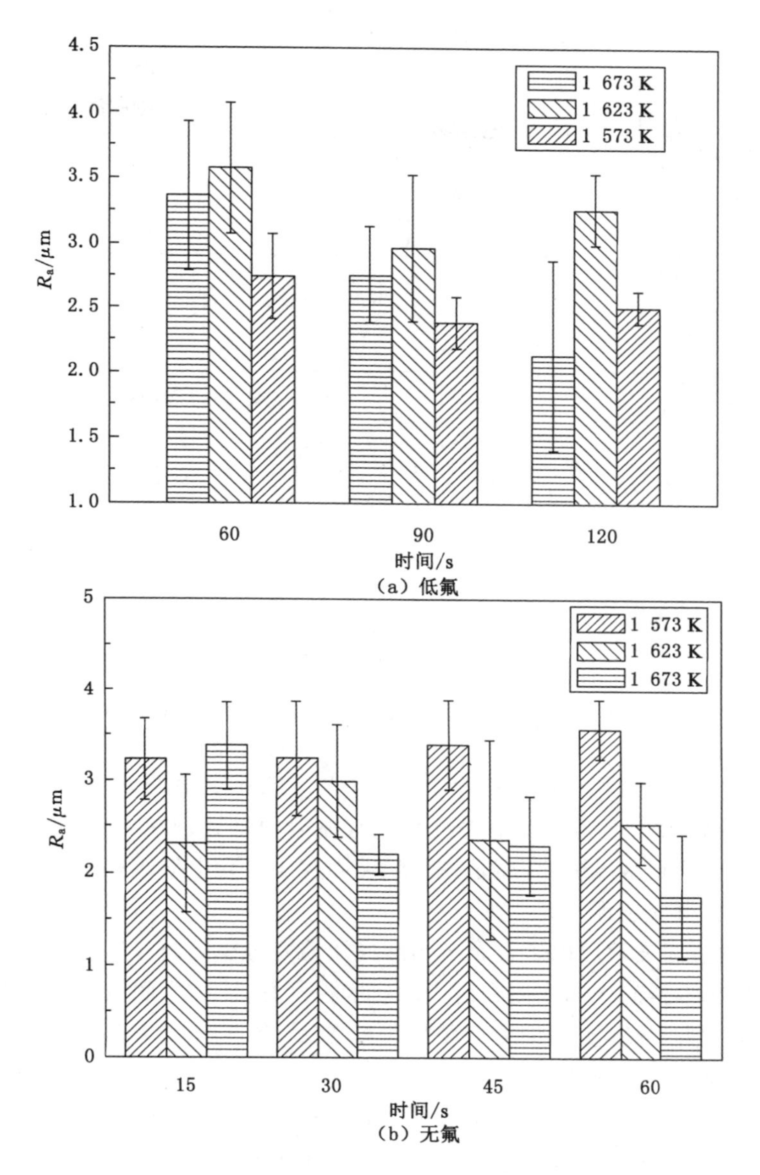

图 4-53　不同凝固时间和液渣温度下，获取 $CaO \cdot SiO_2 \cdot Na_2O$ 系保护渣凝固渣膜冷面(与水冷铜壁接触)粗糙度

四、低氟及无氟固渣膜中裂纹的形成和演变

虽然无氟和低氟保护渣结晶能力比低碱度玻璃渣强，其液渣空冷断口宏观晶体比例为40%～60%，但渣膜凝固时间较短时玻璃体比例较高，特别是低氟保护渣样，渣膜典型断面形貌如图 4-55 所示。图 4-55(a)与(b)为低氟渣(LF)凝固渣膜，分别在水冷探头浸入液渣时间 60 s 及 90 s 后获得；(c)与(d)为无氟渣(FF)凝固渣膜，分别在水冷探头浸入液渣时间 45 s 及 60 s 后获得。实验时液渣温度均为 1 350 ℃，图片左侧均为固渣膜与铜壁接触侧，图片为光学显微镜图片。

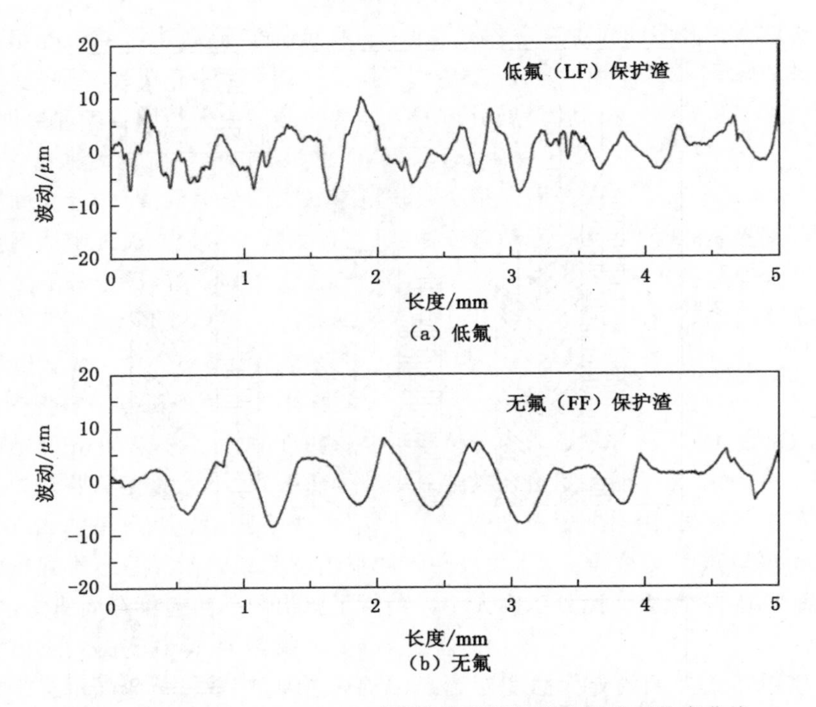

图 4-54　$CaO \cdot SiO_2 \cdot Na_2O$ 系保护渣凝固渣膜冷面典型轮廓曲线

在图 4-55(a)～(d)中，固渣膜横截面玻璃层中均发现了明显的大尺寸裂纹，以图 4-55(a)及图 4-55(c)中裂纹为例，上述断面中裂纹边界有显著的熔合现象，表明这些裂纹并非在水冷探头离开液渣后受到激冷形成，而是在渣膜凝固生长过程中形成并演变。裂纹在形成后，经历了明显的熔合演变过程。

可以推断，固渣膜玻璃层内熔合裂纹的形成及演变过程如图 4-56 所示。图 4-56(a)：初生凝固渣膜内存在强烈的冷却作用和巨大的温度梯度，造成初生固渣膜玻璃层中出现裂纹，二维截面形貌显示为裂纹，实际三维形貌应为断裂面；图 4-56(b)：靠近水冷铜壁一侧的断裂界面冷却强度较大，冷却收缩明显，而靠近液渣一侧的断裂界面，由于冷却速率和收缩较小(断裂面增加了界面接触热阻)，因而形成了渣膜截面图 4-55(d)所示，位于固渣膜玻璃层内的纵向贯通裂纹的特殊形貌；图 4-56(c)：断裂界面在液渣压力等的作用下，接触点逐渐熔合，截面中连贯裂纹逐渐演变为独立的、小尺寸不规则孔洞链。

渣膜玻璃层内大尺寸贯穿断裂面的生成相当于大幅增加了渣膜的接触热阻，可使通过固渣膜微区的热流密度快速降低[对应图 4-56(a)所示]。随着凝固渣膜玻璃层内断裂面在液渣压力等作用下逐渐熔合及消失，连续的贯穿断裂面演变为非连续的不规则细小孔洞，这一过程对应图 4-55(a)和(c)中玻璃层中裂纹演变阶段，并且图 4-55(a)和(d)中的玻璃层内可见明显米粒状及长条状不规则细小孔洞呈链状分布，如图 4-55(d)中圈注部分，其左侧玻璃层内裂纹上部的独立不规则孔洞已经形成。上述现象均从侧面印证，实验中凝固渣膜内的断裂面经历了熔合演变而形成独立的轮廓不规则孔洞链的过程。

更为重要的是，凝固渣膜玻璃层内贯穿断裂面的生成与熔合消失可直接增加通过固渣膜微区的热流波动，尤其是在固渣膜凝固初期，渣膜较薄时，断裂面的出现和熔合对热流的

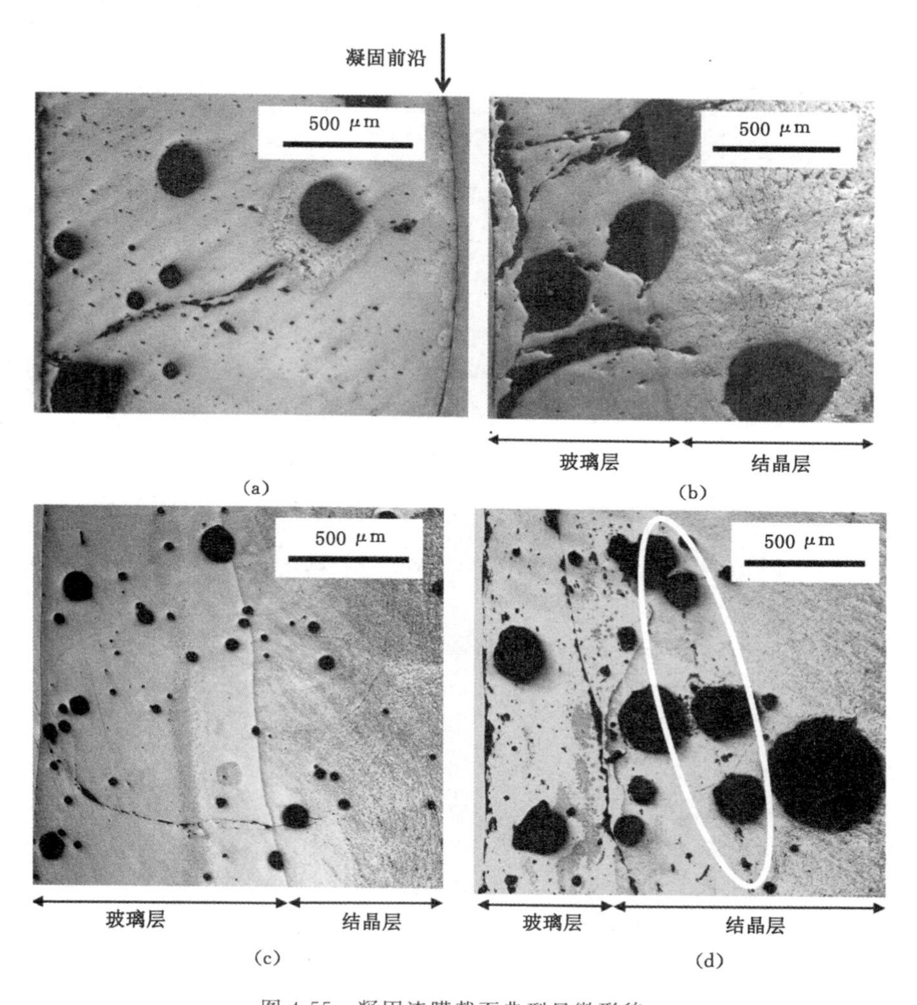

图 4-55 凝固渣膜截面典型显微形貌

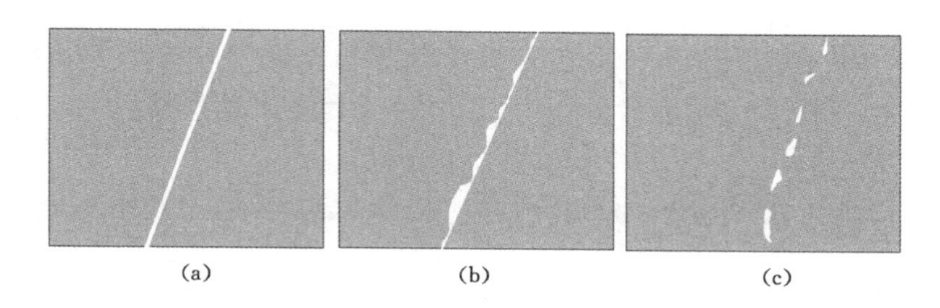

图 4-56 凝固渣膜玻璃层内裂纹的生成及演变熔合示意图

影响会更加明显。如图 4-57 所示为不同液渣温度下，通过 $CaO \cdot SiO_2 \cdot Na_2O$ 基低氟保护渣固渣膜的热流密度随时间的变化，图中框注部分热流密度数据显示，凝固初期通过低氟固渣膜热流波动速率较大，最大可达 0.15 MW/($m^2 \cdot s$)。而如图 4-58 所示，通过普通高碱度凝固渣膜的热流密度波动相对小很多。对比结晶倾向较强保护渣的凝固渣膜，对应截面中很少观察到类似断面裂纹的产生及演变熔合现象。因此，渣膜凝固过程中，玻璃层中断裂面的生成及演变会影响固渣膜微区传热的均匀性。断裂面的生成与演变与初生固渣膜冷面粗糙度、保护渣渣凝固区间、结晶性能及固渣的炸裂性等因素有关，需要进一步研究。

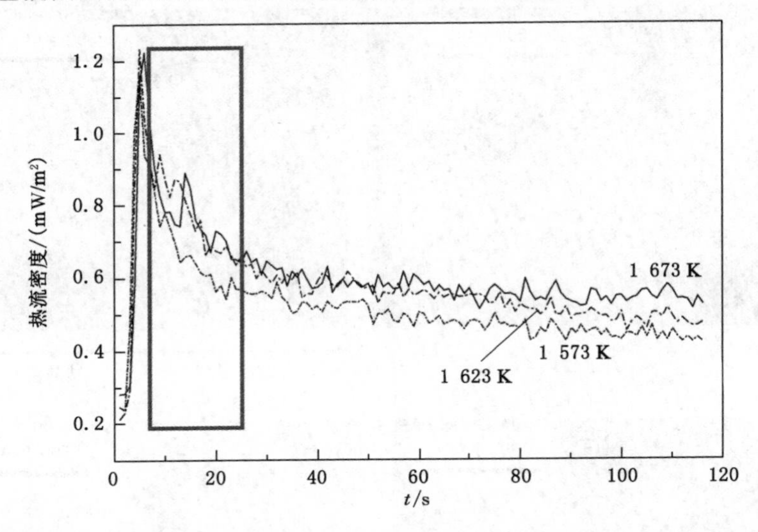

图 4-57　不同液渣温度下凝固时通过低氟保护渣固渣膜热流密度随时间的变化

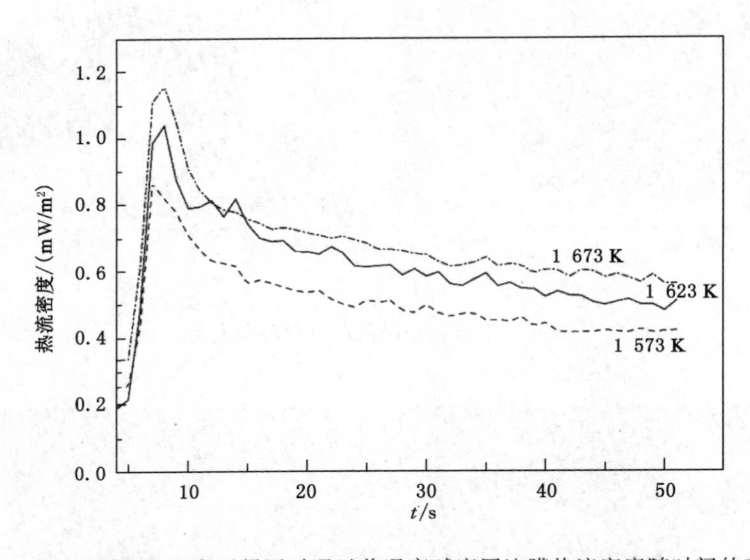

图 4-58　不同液渣温度下凝固时通过普通高碱度固渣膜热流密度随时间的变化

需要指出的是，如图 4-57 所示热流密度曲线波动现象在传统大尺寸水冷探头实验中很少观察到。类似热流密度曲线波动并非由液渣温度波动引起，而是固渣膜在凝固生长过程中非均匀的结构演变所致(如玻璃层内断裂面生成和演变)，由于固渣膜非均匀结构演变尺度不大，只能引起微区热流波动，在探头尺寸较大，或铜壁较厚时，上述热流波动现象将被显著弱化。因此，使用小尺寸水冷探头获取凝固渣膜时，渣膜结构的演变行为对通过探头冷却水温差、流量等计算所得的热流密度数据影响更显著。

固渣膜玻璃层内裂纹的演变融合过程表明，在渣膜的凝固初期，尤其是在玻璃层内，渣膜为“半软”状态。因此，固渣膜结构在钢水(渣)静压力及温度波动等因素影响下，会发生逐步演变，从而影响固渣膜的传热特性。

本实验条件下，所述固渣膜内断裂面的生成和演变对热流密度的影响范围为对应固渣膜微区。当探头尺寸较小时，冷却水流量、温差计算所得热流数据波动可在一定程度反映微区结构波动及演变；但当铜壁尺寸大幅度增加后，微区热流的波动将被平均化。因此，不能将本实验条件下所得热流波动情况与结晶器平均热流密度大小和波动作对比(包括结晶器铜壁中镶嵌热电偶所测数据)。结晶器铜壁厚度和尺寸均比本实验所用探头大得多，并且铜具有优良的导热性和热扩散性，上述因素均使结晶器热电偶检测到的数据无法反映通过固渣膜微区热流密度的波动，两者研究尺度和条件不同。但通过固渣膜微区的热流密度波动过大时，将直接影响初生坯壳表面质量。

五、低氟及无氟固渣膜的结晶行为特性

在渣系成分改变，保护渣无氟及低氟化后，枪晶石($3CaO \cdot 2SiO_2 \cdot CaF_2$)不再是凝固渣膜中析晶的主要矿相。为确定 $CaO \cdot SiO_2 \cdot Na_2O$ 系无氟(FF)及低氟(LF)凝固渣膜中的主要析出矿相，在本实验条件下，选择液渣温度 1 350 ℃，凝固时间分别为 60 s(无氟渣，FF)和 120 s(低氟渣，LF)的固渣膜样，凝固获取样品的结晶比例均较高。破碎制样后使用 X 射线衍射($Cu\ K_\alpha$)分析了其主要矿相，结果见图 4-59。X 射线衍射检测结果表明，本书所述 $CaO \cdot SiO_2 \cdot Na_2O$ 系无氟及低氟保护渣凝固渣膜内，主要结晶矿相均为硅钙钠石($Ca_{1.543}Na_{2.914}Si_3O_9$)，在低氟保护渣凝固渣膜内，除了硅钙钠石，同时也有部分氟化钠(NaF)凝固析出。

低氟及无氟保护渣凝固渣膜中，晶体的典型形貌如图 4-60 所示(渣膜凝固获取时液渣温度：1 350 ℃)。由图可知，低氟保护渣凝固渣膜内，析出晶体主要呈块状。而在无氟保护渣凝固渣膜中，典型晶体形貌与超高碱度保护渣凝固渣膜中晶体类似，均为大板条状晶体。凝固前沿大板条状晶体析出后，同样会影响凝固渣膜的总和闭孔率，后续将着重分析。

六、低氟及无氟固渣膜中的闭孔及表征

由 $CaO \cdot SiO_2 \cdot CaF_2$ 体系凝固渣膜结构分析的结论可知，固渣膜中孔洞的生成与凝固降温时气体的逸出现象密切相关。渣膜凝固时温度波动过大可造成气体逸出不均匀或不适宜，将造成弯月面液渣流入消耗不均和渣膜厚度不均，渣膜冶金功能发挥不稳定。如图 4-55所示，本书所述低氟和无氟保护渣凝固渣膜中，可见明显的孔洞生成。

图 4-55(a)为探头浸入 1 350 ℃液渣、凝固时间为 60 s 时获取的凝固渣膜截面形貌。由图可见大量不同尺寸圆孔形成，此外还有大量不均匀分布的不规则小孔存在，部分晶体已经开始在固渣膜凝固前沿及孔洞边沿析出。图 4-55(b)为凝固时间增加到 90 s 时获取的固渣膜截面形貌，至此固渣膜脱玻璃化析晶基本完成。图 4-55 表明，固渣膜中大部分闭孔在凝固初期，脱玻璃化析晶前就已完成。

凝固获取了不同液渣温度和不同凝固时间下的无氟及低氟保护渣固渣膜样，并分别制样检测了渣膜的总体闭孔率，结果如图 4-61 所示。由图 4-61 固渣膜闭孔率数据可知，低氟保护渣凝固渣膜随着生长时间的增加，其总体闭孔率总体呈稳定或上升趋势，尤其是凝固时间超过 60 s 后，闭孔率上升更为明显；对于无氟保护渣，当液渣温度较低，为 1 300 ℃及1 350 ℃时，随着固渣膜生长时间的增加，其总体闭孔率变化不明显，当无氟渣温度较高，为 1 400 ℃时，凝固

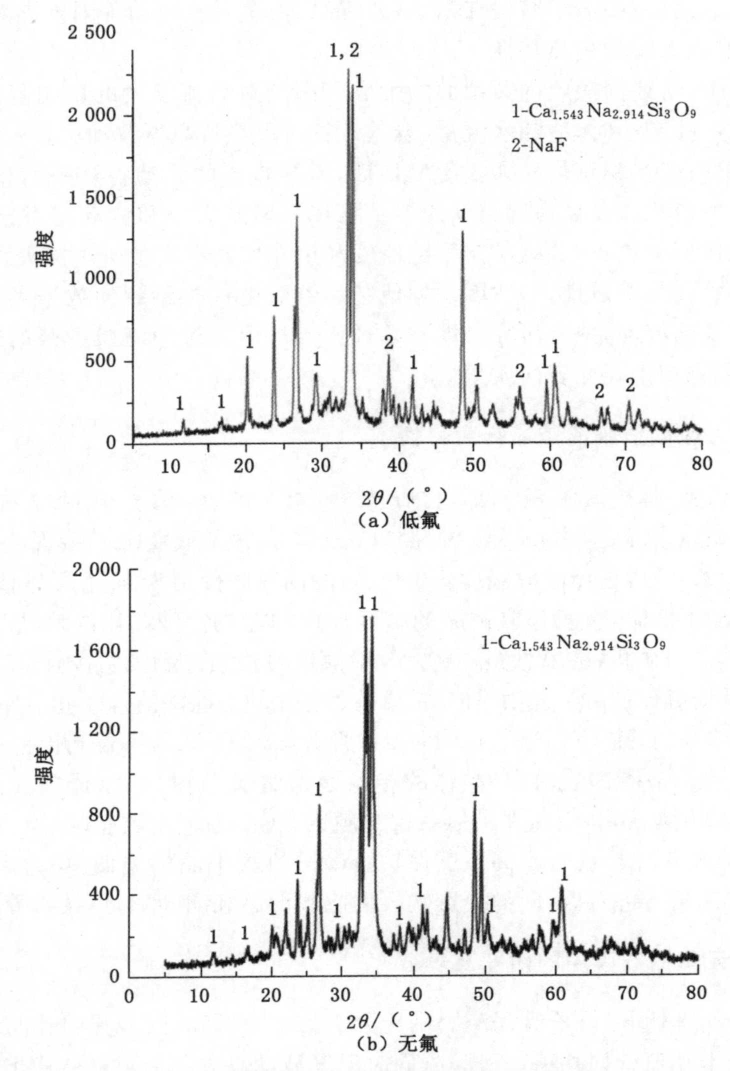

(a) 低氟

(b) 无氟

图 4-59　保护渣凝固渣膜的 XRD 检测结果

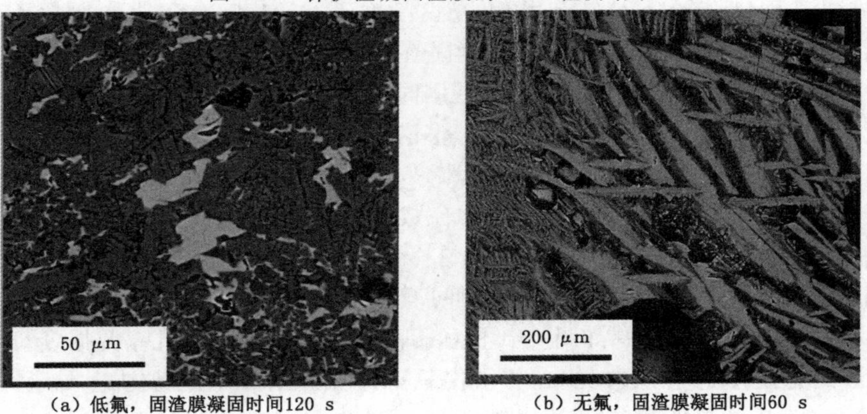

(a) 低氟，固渣膜凝固时间120 s　　(b) 无氟，固渣膜凝固时间60 s

图 4-60　保护渣凝固渣膜中晶体典型形貌(背散射电子像)

渣膜的总体闭孔率随渣膜生长时间增加呈降低趋势。如图 4-62 所示，无氟保护渣凝固渣膜中，大量板条状晶体在凝固前沿析出，也可在一定程度上保持或增加凝固渣膜的闭孔率。总体而言，保护渣液渣温度的波动对低氟及无氟保护渣凝固渣膜的总体闭孔率影响明显。

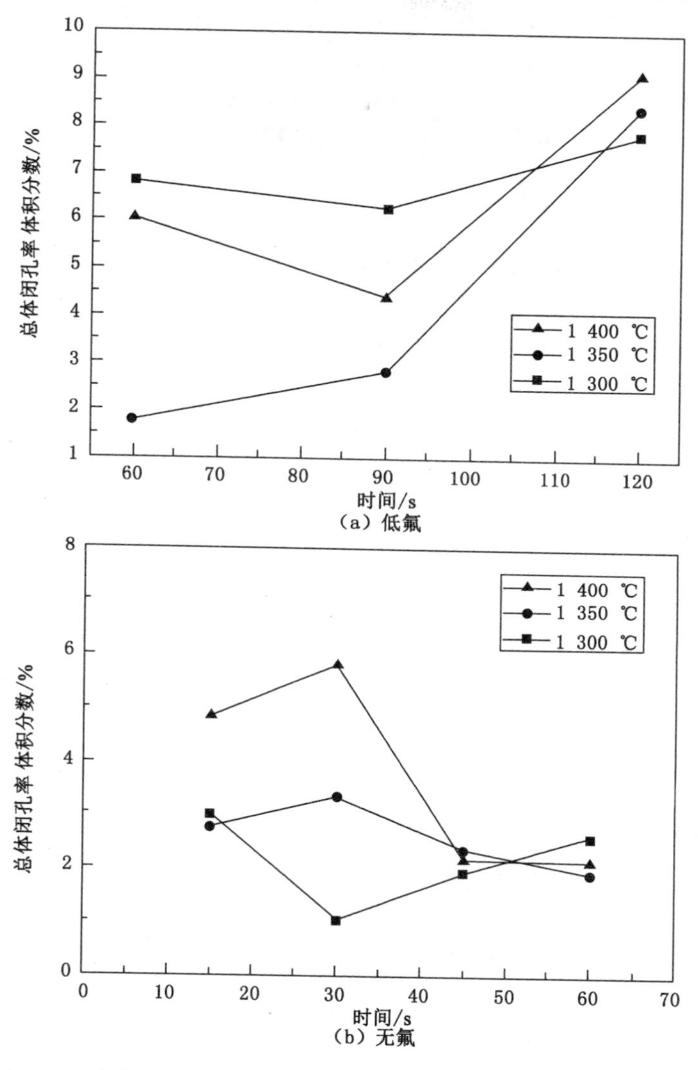

图 4-61　液渣温度及凝固时间不同时获取的保护渣固渣膜总体闭孔率

七、低氟及无氟固渣膜的密度演变

检测了获取的 $CaO \cdot SiO_2 \cdot Na_2O$ 系低氟及无氟保护渣凝固渣膜的密度，不同液渣温度及凝固时间下获取的低氟保护渣(LF)凝固渣膜的表观密度与真密度如图 4-63、图 4-64 所示。随着渣膜凝固时间的增加，低氟保护渣凝固渣膜内结晶逐渐长大析出，由于本实验条件下，凝固析出的晶体密度大于玻璃体的密度，使得凝固渣膜的真密度由凝固时间为 60 s 时的 2.59 g/cm^3 逐渐增加，凝固时间 60 s 时，固渣膜为全玻璃态。本实验条件下，低氟保护渣凝固渣膜表观密度为 2.42～2.53 g/cm^3，真密度为 2.59～2.77 g/cm^3。

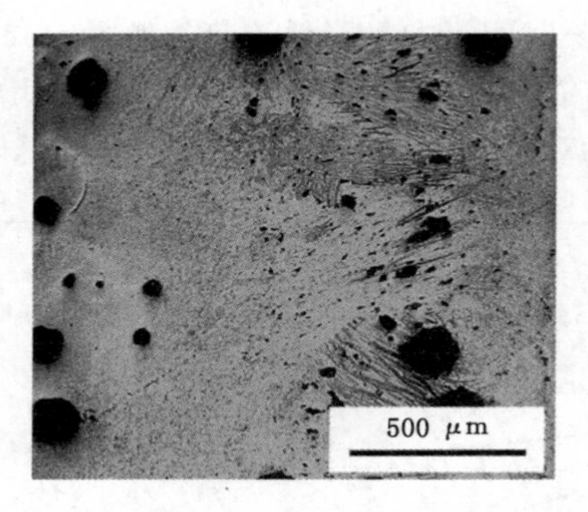

图 4-62　无氟保护渣凝固渣膜截面中晶体典型形貌(黑色区域为孔洞,光学显微镜图片)

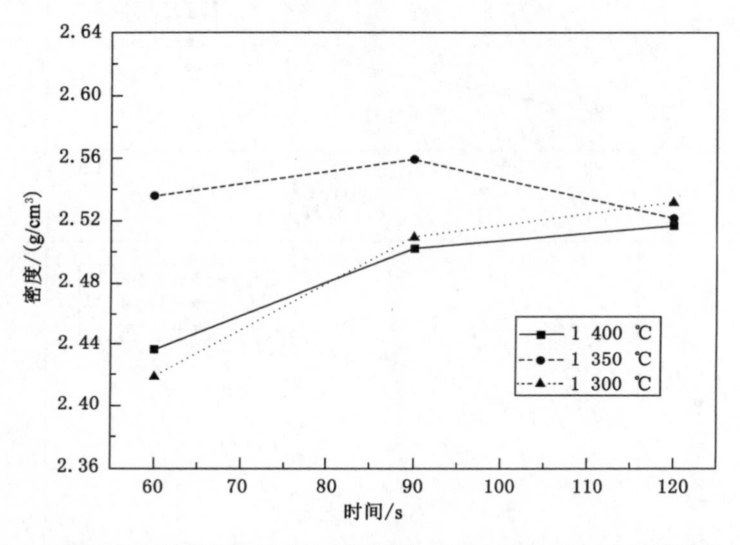

图 4-63　液渣温度及凝固时间不同时,凝固获取的低氟保护渣(LF)固渣膜表观密度

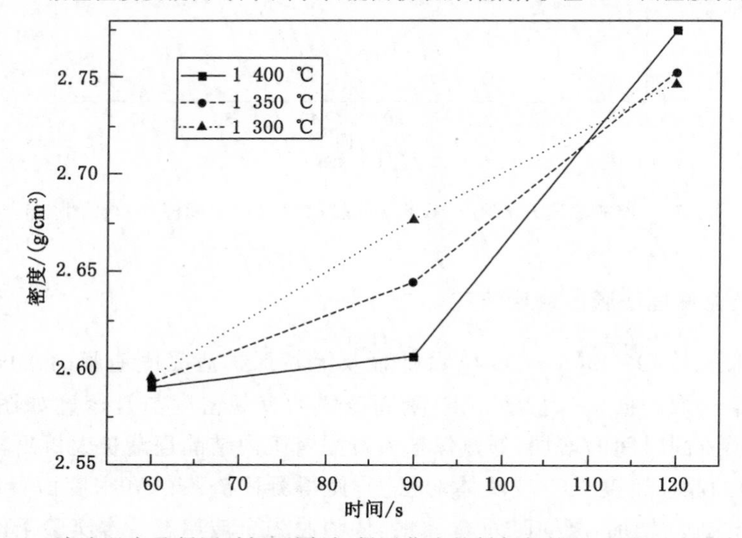

图 4-64　液渣温度及凝固时间不同时,凝固获取的低氟保护渣(LF)固渣膜真密度

不同液渣温度及凝固时间下获取的无氟保护渣(FF)凝固渣膜的表观密度与真密度如图 4-65、图 4-66 所示。由图可知，本书所述无氟渣渣膜的表观密度和真密度随着凝固时间增加均呈现上升趋势，真密度上升原因也与渣膜内晶体析出有关。本实验条件下，无氟保护渣凝固渣膜表观密度为 2.48～2.68 g/cm³，真密度为 2.49～2.74 g/cm³。

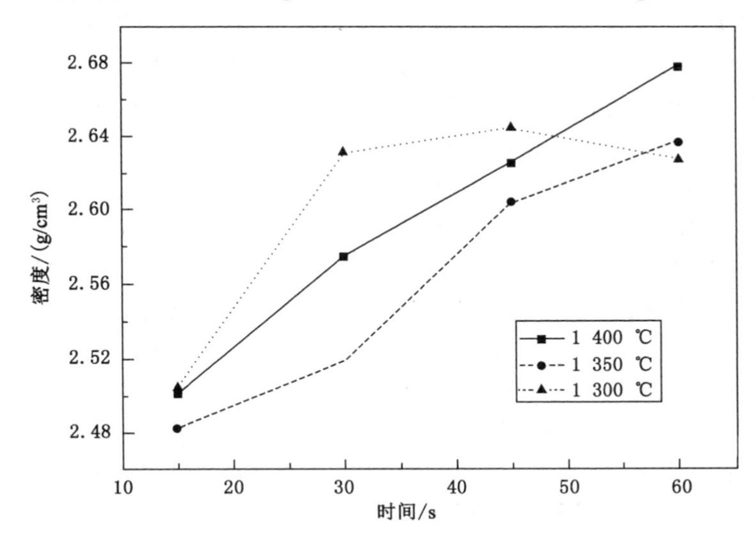

图 4-65　液渣温度及凝固时间不同时凝固获取的无氟保护渣(FF)固渣膜表观密度

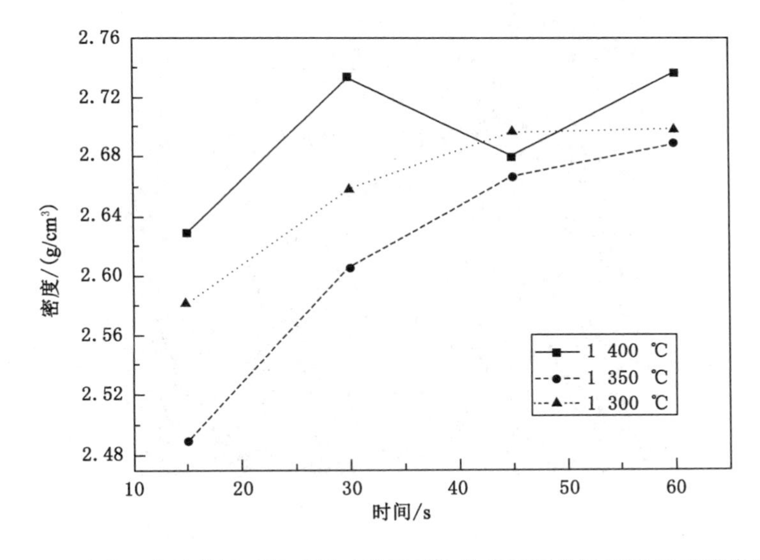

图 4-66　液渣温度及凝固时间不同时凝固获取的无氟保护渣(FF)固渣膜真密度

由于固渣膜内析出晶体的比例直接影响其真密度数值，因此可以通过检测水冷探头不同浸入时间下获取的固渣膜真密度，对比分析、判定不同条件下晶体在固渣膜内的生长趋势。由于固渣膜牢固依附水冷探头生长，水冷探头提出液渣后对固渣膜的冷却强度非常大，可以淬冷保留固渣膜离开液渣时的结构信息。需要注意的是，固渣膜在生长过程中逐渐增厚，因此固渣膜内的温度梯度也将发生一定变化，上述温度的变化对固渣膜内玻璃及晶体的密度会有一定影响。要准确掌握固渣膜在凝固过程中的析晶行为信息，还需考虑凝固过程中渣膜内温度变化对玻璃及晶体密度的影响。

八、低氟及无氟固渣膜中的成分偏聚

结晶能力较强的高碱度高氟保护渣固渣膜生长过程中，晶体的析出可造成凝固前沿附近液渣成分的改变，进而影响后续固渣膜的生长析晶及液渣膜性能。由于本书涉及低氟及无氟保护有一定结晶能力，因此获取了不同液渣温度下凝固生长的固渣模样，按照分析高碱度、高氟渣膜的方法，分析检测了低氟及无氟固渣膜截面不同典型区域的平均成分，结果发现凝固渣膜横截面不同区域平均成分无明显差异。这是由于本书所述的无氟及低氟保护渣凝固过程中结晶趋势较弱，脱玻璃化析晶是固渣膜内析晶的主要方式。因此，本实验条件下涉及的低氟及无氟固渣膜凝固析晶对液渣膜的影响也相对高碱度、高氟渣膜小。

图 4-7 为固渣膜脱玻璃化析晶区域与全玻璃态区域典型形貌图像(背散射电子像)。图 4-67 中析出晶体区域附近的玻璃态区域在背散射电子像中颜色较暗，这是因为该部分晶体为脱玻璃化析晶，晶体析出长大过程中，周围玻璃区域基体中晶体析出所需元素会向晶核扩散，进而造成晶体相变前沿界面附近玻璃态区域内的 Ca 元素含量相对降低，造成上述玻璃态区域在背散射电子像中衬度较暗。除了利用析出晶体的形貌及生长方向判断晶体是否为脱玻璃化析出外，也可利用背散射电子像中晶体-玻璃界面附近玻璃基体中的元素含量或衬度的变化判断该晶体的析晶方式。

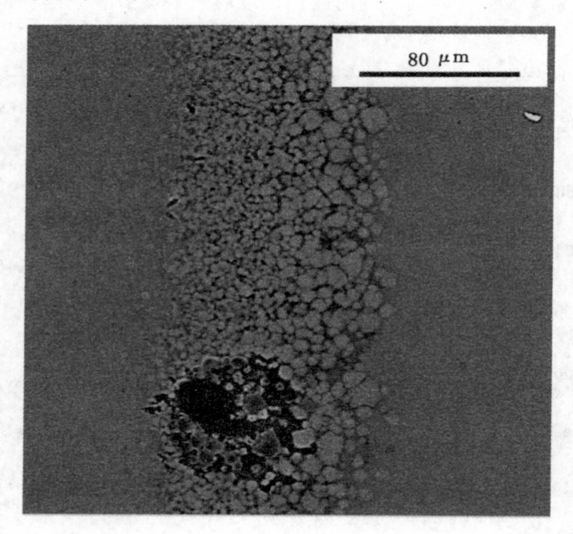

图 4-67　无氟保护渣(FF)凝固渣膜截面脱玻璃化析晶区域与玻璃态区域典型形貌
(晶体析出附近玻璃态区域较暗，背散射电子像)

由于 $CaO \cdot SiO_2 \cdot Na_2O$ 系低氟及无氟保护渣凝固渣膜中，大部分晶体为脱玻璃化析晶，且固渣膜生长速度相对较慢，尤其是低氟保护渣固渣膜更为明显。因此，固渣膜截面不同宏观区域平均成分波动不明显，且脱玻璃化析晶不会造成固渣膜凝固前沿液渣成分的显著变化。由此得出，本实验条件下，无氟及低氟保护渣凝固渣膜析晶对凝固前沿液渣成分影响较小。

九、低氟及无氟固渣膜的结构讨论

本书所述 $CaO \cdot SiO_2 \cdot Na_2O$ 系低氟和无氟保护渣结晶能力相对高碱度、高氟渣系较弱，其液渣凝固后，渣样中玻璃相比例较高。由于制样限制，暂时无法使用脉冲激光实验直接测试 $CaO \cdot SiO_2 \cdot Na_2O$ 系低氟和无氟保护渣样的导热系数，因此重点通过获取的无氟及低氟保护渣凝固渣膜生长过程中的结构演变，及实验获得的热流密度数据等信息分析固渣膜的传热特性，可得到下述结论。

（1）固渣膜冷面（与铜壁接触）粗糙度 R_a 的形成及演变

$CaO \cdot SiO_2 \cdot Na_2O$ 系无氟及低氟保护渣凝固渣膜冷面（与铜壁接触）粗糙度 R_a 的测试结果及形成演变机理与高碱度、高氟保护渣差异较大。无氟及低氟保护渣凝固渣膜冷面无明显开放孔洞生成，且液渣温度对凝固渣膜冷面的粗糙度影响较大，温度变化时（1 300～1 400 ℃），凝固渣膜与铜壁接触表面轮廓的平均算数偏差（粗糙度 R_a）的水平为：2～3.5 μm。因此，粗糙表面的生成与固渣膜内的析晶行为无因果关系。

虽然本书所述无氟及低氟保护渣凝固渣膜冷面粗糙度的大小与普通高碱度保护渣差别不大，但受液渣温度波动影响更为明显，在理论上不利于控制固渣膜均匀生长及保持传热的稳定性。

（2）凝固渣膜的厚度及生长速率

随着液渣温度的降低及固渣膜凝固时间的增加，低氟与无氟保护渣凝渣膜厚度逐渐增加。虽然在本书渣系条件下，实验室检测得到的低氟保护渣转折温度和半球点熔化温度均比无氟保护渣高，但在相同实验条件下凝固获取的低氟保护渣固渣膜厚度在渣膜各凝固生长阶段均明显低于无氟固渣膜。实验结果表明，针对不同成分保护渣系，其凝固渣膜厚度受固渣膜-铜壁界面热阻、渣膜闭孔率、密度等众多因素共同决定，不能仅通过保护渣半球点熔化温度、转折温度等数据判断不同成分体系凝固渣膜的相对厚度。

总体而言，无氟保护渣凝固渣膜的厚度及生长速率等与高碱度、高氟保护渣近似，尤其是当液渣温度较低，为 1 300 ℃时，无氟保护渣凝固渣膜在后期生长速率加快。而本书所述低氟保护渣凝固渣膜生长达到平衡厚度所需时间较长，固渣膜初始生长速率缓慢。

（3）凝固渣膜玻璃层内裂纹的形成、演变及其对传热的潜在影响

实验中，在无氟及低氟保护渣凝固渣膜截面玻璃层中均发现了大量裂纹，并且截面裂纹有熔合演变迹象。渣膜截面裂纹的熔合现象表明，裂纹并非在渣膜离开液渣后受到铜壁激冷形成，而是在渣膜凝固过程中形成、演变，固渣膜玻璃层内断裂面的生成及熔合、演变导致了大量细小不规则孔洞带的出现。

由铜探头进出水温度差、流量等计算得到通过低氟及无氟固渣膜的热流密度数据，对比同样条件下通过高碱度、高氟渣膜（无裂纹）的热流密度数据，发现固渣膜玻璃层内断裂面的形成及熔合演变可导致通过固渣膜微区热流密度波动的增大，尤其是在固渣膜凝固生长初期析晶行为还未大规模出现时，断裂面的生成及熔合演变可对保护渣性能的稳定发挥造成一定的影响。

（4）凝固渣膜闭孔的表征（闭孔率）及形成、演变

与高碱度、高氟保护渣类似，在低氟及无氟保护渣凝固渣膜内，靠近水冷铜壁一侧的脱玻璃态层中，大量闭孔在晶体析出前就已形成，且与固渣膜的析晶行为无因果关系。总体而

言，液渣温度波动对凝固渣膜总体闭孔率的影响显著，无氟保护渣凝固渣膜热面(凝固前沿附近)细密的板条状晶体的析出在一定程度上保持和增加了固渣膜生长过程中的总体闭孔率。

(5) 凝固渣膜的析晶行为特性

本书条件下，$CaO \cdot SiO_2 \cdot Na_2O$ 系低氟及无氟保护渣凝固渣膜内的主要析晶矿相均为硅钙钠石($Ca_{1.543}Na_{2.914}Si_3O_9$)，固渣膜析晶的主要途径为脱玻璃化析晶，凝固前沿液渣直接析晶体占比稍低。除此之外，低氟保护渣凝固渣膜中，部分氟离子与钠离子结合析出氟化钠。虽然本书中低氟和无氟保护渣凝固渣膜中的主要矿相一致，但析出晶体形貌相差较大：无氟保护渣凝固渣膜中，晶体多呈块、柱状及多面枝晶状；而低氟保护渣凝固渣膜中的矿相呈细密板条状。上述晶体形貌检测结果与高碱度高氟保护渣部分类似，表明保护渣成分改变后，即使析出的晶体种类一致，其形貌结构也可有巨大区别。

由上述结论可知，当保护渣成分低氟和无氟化后，凝固渣膜结构特征及其演变规律均有较大改变。由于 $CaO \cdot SiO_2 \cdot Na_2O$ 系低氟和无氟保护渣凝固渣膜冷面(与铜壁接触)粗糙度的形成和演变机理与高碱度高氟渣不同(无明显开放孔洞参与粗糙表面的形成)，因此液渣温度的改变对固渣膜冷面(与铜壁接触)粗糙度的影响规律也不同。在 $CaO \cdot SiO_2 \cdot Na_2O$ 系低氟及无氟保护渣凝固渣膜玻璃层内发现了明显的裂纹生成及熔合现象，不利于固渣膜微区均匀控制传热，而在获取的高碱度高氟保护渣凝固渣膜中，未大量发现类似裂纹。

十、小结

本实验条件下，选取了典型的 $CaO \cdot SiO_2 \cdot Na_2O$ 系低氟及无氟保护渣，分别获取了液渣温度及凝固时间不同时的固渣膜，分析了低氟及无氟保护渣凝固渣膜的结构及演变规律，并与高碱度、高氟保护渣固渣膜凝固结构对比，得出如下结论。

(1) 无氟及低氟保护渣凝固渣膜冷面(与铜壁接触)粗糙度的形成与固渣膜结晶行为无因果关系。不同条件下，固渣膜冷面粗糙度 R_a 平均水平为 2～3.5 μm(液渣温度：1 300～1 400 ℃)。液渣温度波动对凝固渣膜冷面粗糙度影响显著，本实验条件下，液渣温度较高时凝固获取的无氟保护渣固渣膜冷面粗糙度相对较低。

(2) 无氟及低氟保护渣凝固渣膜中，均存在大量的闭孔，且渣膜脱玻璃化层中的大量闭孔在晶体析出前已经形成，与渣膜析晶行为无因果关系，液渣温度的波动对凝固渣膜生长过程中闭孔率的大小及演变有明显影响。

(3) 本实验条件下，凝固获取的无氟保护渣固渣膜表观密度为 2.48～2.68 g/cm^3，真密度为 2.49～ 2.74 g/cm^3；低氟保护渣固渣膜表观密度为 2.42～2.53 g/cm^3，真密度为 2.59～ 2.77 g/cm^3。

(4) $CaO \cdot SiO_2 \cdot Na_2O$ 系低氟及无氟保护渣凝固渣膜在生长过程中，其玻璃层内有大量的裂纹生成及熔合演变。在固渣膜凝固初期，裂纹的生成及演变可加剧通过固渣膜微区的热流波动，使固渣膜冶金功能的稳定发挥受限。

(5) 保护渣无氟及低氟化后，凝固获得的固渣膜主要晶体矿相均为硅钙钠石($Ca_{1.543}Na_{2.914}Si_3O_9$)。低氟保护渣典型矿相形貌为块、柱状和多面枝晶状，无氟保护渣典型矿相形貌为细小板条状。

第四节　结　　论

选取了典型的 $CaO \cdot SiO_2 \cdot CaF_2$ 系超高碱度、普通高碱度、低碱度保护渣，以及 $CaO \cdot SiO_2 \cdot Na_2O$ 系低氟和无氟保护渣，获取了不同液渣温度和凝固时间下的固渣膜，分析了不同条件不同体系渣膜凝固结构及演变规律和对渣膜传热的可能影响，得到下述结论。

针对 $CaO \cdot SiO_2 \cdot CaF_2$ 系保护渣：

(1) $CaO \cdot SiO_2 \cdot CaF_2$ 系高碱度保护渣凝固渣膜冷面（与铜壁接触）粗糙度在凝固初期即形成，并参与控制传热，与后续的结晶行为无因果关系，而与固渣膜冷面开放孔洞的生成有关。保护渣碱度较高时，熔渣水及二氧化碳容量较高，降温凝固时，气体逸出易造成冷面开放孔洞和固渣膜内闭孔。当液渣温度较高时，凝固生成固渣膜冷面的粗糙度较高。液渣温度波动时（1 300～1 400 ℃），普通高碱度保护渣凝固渣膜冷面粗糙度波动明显，且固渣膜凝固时粗糙度 R_a 整体偏小，为 1.5～4 μm。液渣温度波动引起初生固渣膜冷面粗糙度波动可造成固渣膜后续生长速率及厚度出现波动；相同条件下，液渣温度波动（1 300～1 400 ℃）对超高碱度保护渣凝固渣膜冷面粗糙度 R_a 影响较小。超高碱度保护渣凝固过程中，固渣膜冷面（与铜壁接触）粗糙度 R_a 总体水平较高，为 3～5 μm，有助于初生固渣膜迅速有效控制传热。

(2) $CaO \cdot SiO_2 \cdot CaF_2$ 系高碱度、高氟保护渣凝固渣膜玻璃层及脱玻璃化层中，闭孔的形成与晶体析出无因果关系。普通高碱度固渣膜闭孔率随渣膜凝固生长呈降低趋势；超高碱度固渣膜闭孔率随渣膜凝固生长维持在较高水平，这与超高碱度渣膜凝固前沿粗大板条枪晶石的析出有关，且温度变化时，超高碱度渣膜闭孔率的波动比普通高碱度渣膜稳定。

(3) 本实验条件下，$CaO \cdot SiO_2 \cdot CaF_2$ 系普通高碱度凝固渣膜表观密度为 2.23～2.74 g/cm^3，真密度为 2.62～2.86 g/cm^3；超高碱度凝固渣膜表观密度为 2.36～2.88 g/cm^3，真密度为 2.56～3.02 g/cm^3；在液渣温度波动时（1 300～1 400 ℃），超高碱度凝固渣膜的表观密度变化较普通高碱度渣膜变化小，尤其在渣膜凝固初期，凝固时间为 15 s 时最为明显。

(4) 在渣膜凝固析晶过程中，$CaO \cdot SiO_2 \cdot CaF_2$ 系普通高碱度渣膜凝固前沿存在明显的成分偏聚现象，影响凝固前沿析晶和固渣膜生长行为。受超高碱度渣膜凝固前沿粗大板条晶体结构和结晶过程的影响，$CaO \cdot SiO_2 \cdot CaF_2$ 系超高碱度渣膜结晶对凝固前沿液渣成分影响较小。

(5) 本实验条件下，$CaO \cdot SiO_2 \cdot CaF_2$ 系总闭孔率均为 1%～2% 的全结晶超高碱度与普通高碱度保护渣样的导热系数差距不大，但普遍较高，为 3.17 W/(m·K)～3.67 W/(m·K)（306～615 ℃）。

(6) 本实验条件下，在凝固渣膜冷面（与水冷铜壁接触）粗糙度和固渣膜闭孔分布、闭孔率的共同影响下，当液渣温度波动时，$CaO \cdot SiO_2 \cdot CaF_2$ 系普通高碱度保护渣凝固渣膜生长速率波动较大，固渣膜厚度不均明显；而超高碱度保护渣凝固渣膜生长速率波动较小，厚度均匀。

(7) $CaO \cdot SiO_2 \cdot CaF_2$ 系低碱度玻璃性保护渣凝固渣膜冷面（与铜壁接触）较光滑，无开放孔洞参与粗糙表面生成，且其粗糙度水平较小，R_a = 1.08～2.67 μm，不利于固渣膜凝固初期迅速有效控制传热。

(8) 虽然 $CaO \cdot SiO_2 \cdot CaF_2$ 系低碱度保护渣凝固玻璃化倾向明显，但探头获取的凝固渣膜内同样有部分晶体析出，且固渣膜内晶体生成的主要途径为脱玻璃化析晶，析出晶体以枪晶石为主，尺寸较小，无明显大尺寸方向性生长枝晶。

(9) $CaO \cdot SiO_2 \cdot CaF_2$ 系低碱度凝固渣膜的真密度为 2.49～2.66 g/cm^3，表观密度为 2.44～2.55 g/cm^3，凝固渣膜的真密度随凝固过程进行而逐渐增大。

(10) $CaO \cdot SiO_2 \cdot CaF_2$ 系低碱度凝固渣膜的闭孔率随凝固时间增加逐渐上升，渣膜凝固初期闭孔率较低。液渣温度波动对初生固渣膜的闭孔率影响不大，渣膜凝固时间较短，为 15 s 时，总体闭孔率均不超过 5%。

针对 $CaO \cdot SiO_2 \cdot Na_2O$ 系低氟及无氟保护渣：

(1) $CaO \cdot SiO_2 \cdot Na_2O$ 系无氟及低氟保护渣凝固渣膜冷面（与铜壁接触）粗糙度的形成与固渣膜结晶行为无因果关系。不同条件下，固渣膜冷面粗糙度 R_a 平均水平为 2～3.5 μm（液渣温度：1 300～1 400 ℃）。液渣温度波动对凝固渣膜冷面粗糙度影响显著，本实验条件下，液渣温度较高时，凝固获取的无氟保护渣固渣膜冷面粗糙度相对较低。

(2) 无氟及低氟保护渣凝固渣膜中均存在大量的闭孔，且渣膜脱玻璃化层中的大量闭孔在晶体析出前已经形成，与渣膜析晶行为无因果关系，液渣温度的波动对凝固渣膜生长过程中闭孔率的大小及演变有明显影响。

(3)本实验条件下，凝固获取的无氟保护渣固渣膜表观密度为 2.48～2.68 g/cm^3，真密度为 2.49～2.74 g/cm^3；低氟保护渣固渣膜表观密度为 2.42～2.53 g/cm^3，真密度为 2.59～2.77 g/cm^3。

(4) $CaO \cdot SiO_2 \cdot Na_2O$ 系低氟及无氟保护渣凝固渣膜在生长过程中，其玻璃层内有大量的裂纹生成及熔合演变。在固渣膜凝固初期，上述裂纹的生成及熔合演变可加剧通过固渣膜微区的热流波动，使固渣膜冶金功能的稳定发挥受限。

(5) 保护渣无氟及低氟化后，凝固获得的固渣膜主要晶体矿相均为硅钙钠石（$Ca_{1.543}Na_{2.914}Si_3O_9$），但低氟保护渣典型矿相形貌为块、柱状和多面枝晶状，无氟保护渣典型矿相形貌为细小板条状。

第五章　超高碱度保护渣的现场应用

由普通高碱度保护渣、超高碱度保护渣、$CaO \cdot SiO_2 \cdot CaF_2$ 系低碱度保护渣及 $CaO \cdot SiO_2 \cdot Na_2O$ 系低氟、无氟保护渣凝固渣膜的结构演变，及其对传热的潜在影响可知，超高碱度保护渣在几类渣系中性能发挥最为稳定，尤其是液渣温度波动时，超高碱度渣膜凝固结构最稳定，初生固渣膜冷面(与铜壁接触)粗糙度最大，且受温度波动影响相对较小。在二元碱度为 1.74 的超高碱度保护渣基础上，目前已开发了二元碱度在 1.7～1.8 的超高碱度系列保护渣，并在生产现场进行了规模工业化试验。这里将总结超高碱度保护渣的现场应用情况。

第一节　在普通板坯及薄板坯连铸上的应用

经过统计，重钢 2010 年底时，铸坯纵裂比例为 4%～8%，铸坯无清理率达到 88%～90%。为发挥重钢长寿新区紧凑式布局的优势，也为了节约能源消耗，在进一步提高铸坯无清理率及降低纵裂比例时，铸机黏结报警大幅度增加，同时漏钢次数显著增多。因此，连铸工序仍然处于带缺陷生产状态，无法满足热送热装要求。

自 2011 年底开始，重钢 3 号铸机生产的铸坯经轧制后，在对应的厚规格钢板表面发现大量纵向裂纹。经过统计和追溯，发现缺陷来源于连铸坯，虽然在 3 号铸机生产的铸坯表面无明显缺陷，但在皮下 5～10 mm 区域内存在偶发纵裂纹。从凝固机理分析，铸坯皮下 5～10 mm 区域内的纵裂纹产生于结晶器内凝固过程，该缺陷造成每月多至 1 500 t 钢板判废。

基于上述情况，在二元碱度为 1.74 的超高碱度保护渣基础上，开发了二元碱度在 1.7～1.8 的超高碱度系列化保护渣，生产原料结构及成分如表 5-1 所示。自 2012 年底开始，在重钢 3 号连铸机上试验和使用二元碱度 1.7～1.8 的超高碱度保护渣。从 2013 年 9 月开始，在重钢 3 台连铸机浇注包晶钢时，全部使用超高碱度保护渣。相关现场试验参数如表 5-2 所示，钢种在连铸过程中的裂纹敏感性使用重庆大学开发的相关软件测算，使用指数 R_v 评价不同成分钢种的裂纹敏感性。在超高碱度保护渣的试用中，连续统计了两年内重钢 3 台铸机生产的全部板坯质量情况和成品钢材由板坯纵裂造成的缺陷比例，具体数据见表 5-3、表 5-4和表 5-5 所示[110,111]。

表 5-1　生产超高碱度保护渣原材料及成分　　%

原料名称	SiO_2	CaO	Al_2O_3	MgO	Fe_2O_3	NaF	CaF_2	Na_2O	K_2O	Li_2O	BaO
玻璃	65～70	8～12	～	2～4	—	—	—	9～12	0～1	—	—
预熔料	17～20	33～36	4～6	4～6	≤1.50	—	20～22	2～4	0～1	3.5～4.0	—
萤石	4～8	—	—	—	—	—	85～88	—	—	—	—

表 5-1(续)

原料名称	SiO_2	CaO	Al_2O_3	MgO	Fe_2O_3	NaF	CaF_2	Na_2O	K_2O	Li_2O	BaO
石灰石	≤3	≥52	≤0.5	—	—	—	—	—	—	—	—
水泥熟料	19～22	60～64	5～7	1～3	3～5	—	—	—	—	—	—
氟化钠	—	—	—	—	—	95～98	—	—	—	—	—
纯碱	—	—	—	—	—	—	—	≥54	—	—	—
硅灰石	49～53	42～46	0～0.5	0～3	—	—	—	—	—	—	—
镁砂	8～12	0～3	—	83～57		—	—	—	—	—	—
石英砂	≥96	—	—	—	—	—	—	—	—	—	—
铝矾土	7～10	0～3	78～83	0～1	0～5	—	—	—	—	—	—
碳酸锂	—	—	—	—	—	—	—	—	—	≥41	—

表 5-2　铸坯表面纵裂纹敏感的包晶钢保护渣试验参数

<table>
<tr><th>典型渣号</th><th>适用范围</th><th>断面/mm×mm</th><th>拉速/(m/min)</th><th>二元碱度</th></tr>
<tr><td rowspan="3">1#</td><td rowspan="3">裂纹极敏感与高拉速</td><td>200×2 200</td><td>1.20～1.30</td><td rowspan="8">1.7～1.8</td></tr>
<tr><td>190×1 530
230×(1 030－1 530)</td><td>1.05～1.35
0.90～1.45</td></tr>
<tr><td>190×1 530</td><td>1.05～1.35</td></tr>
<tr><td rowspan="3">2#</td><td rowspan="3">裂纹敏感与中高拉速</td><td>250 300×(2 000－2 500)</td><td>0.80～1.20</td></tr>
<tr><td>190×1 530
230×(1 030－1 530)</td><td>1.05～1.35
0.9～1.45</td></tr>
<tr><td>190×1 530
230×(1 030－1 530)
200×2 200</td><td>1.20～1.30</td></tr>
<tr><td rowspan="2">3#</td><td rowspan="2">裂纹较敏感与中高拉速</td><td>250×2 000</td><td rowspan="2">0.80～1.20</td></tr>
<tr><td>300×(2 000－2 500)</td></tr>
</table>

表 5-3　总产量板坯纵裂统计数据

年份	总产量/百万吨	总和纵裂率/%	由纵裂造成的废钢率/%
2012 全年	5.29	5.32	0.13
2013 全年	5.38	4.92	0.028
2014 全年	3.82	2.15	0.000 61

表 5-4　由铸坯裂纹造成的成品中厚板缺陷率　　%

年度	中厚板的规格		
	4 100 mm	2 700 mm	1 780 mm
2013	0.43	0.09	0.417
2014	0.14	0.03	0.065

表 5-5　黏结和漏钢比例统计

时间	2010 年	2011 年	2012 年	2013 年	2014 年
铸坯黏结/(次/月)	/	71	41	35	17
黏结漏钢/次	13	12	3	0	0

(2010 年铸坯黏结为建立统计台账)

由表 5-3～表 5-5 中数据可知,使用超高碱度保护渣后,板坯裂纹发生率,特别是由大纵裂造成的废钢率大幅度下降,成品宽厚板由铸坯纵裂引起的缺陷也大幅度降低,铸坯黏结等不稳定状况也大幅度降低。在两年的使用统计中,在没有降低拉速的情况下(与使用普通高碱度保护渣相比),没有出现由保护渣引起的漏钢等生产事故,重钢 3 台连铸机达到了连铸 1 000 万 t 钢无保护渣所致黏结漏钢的水平。

在长期的使用过程中,超高碱度保护渣消耗量与普通高碱度渣相比差别不大,在 0.55～0.65 kg/t 钢。如图 5-1 所示,在使用超高碱度保护渣后,结晶器热电偶温度曲线稳定,结晶器平均热流密度与使用普通高碱度保护渣热流密度相当。

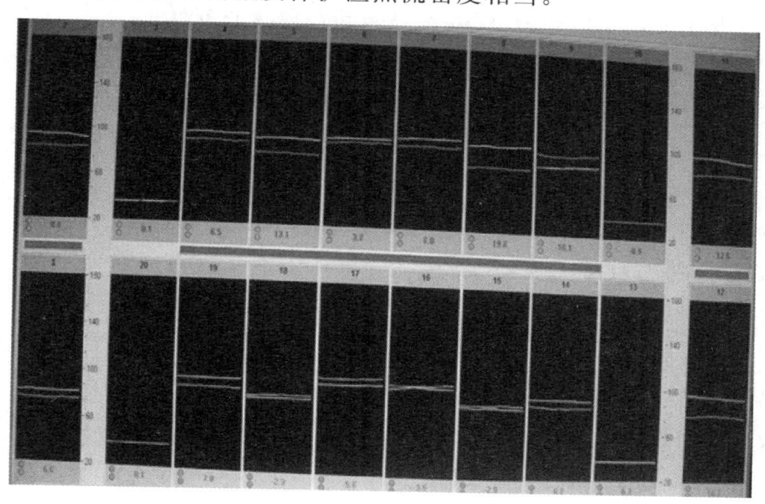

图 5-1　使用超高碱度保护渣时结晶器热电偶典型温度曲线

在长期的工业应用过程中发现,在不降低拉速的条件下,使用超高碱度保护渣后,结晶器热电偶温度曲线稳定,铸坯的纵裂比例、黏结报警和黏结漏钢比例大幅度下降甚至消失。以上现象表明:超高碱度保护渣控制传热与润滑铸坯的能力优于普通高碱度保护渣,与前述超高碱度及普通高碱度保护渣凝固渣膜结构演变分析的结论一致。

前述超高碱度保护渣除在重钢进行了大规模现场试用外,也在攀钢进行了一定规模的工业化试用[112]。在攀钢的现场试验中,试用了二元碱度 1.69 的超高碱度保护渣,包晶钢板坯连铸拉速为 0.8～1.2 m/min,超高碱度保护渣消耗量为 0.49～0.56 kg/t 钢。首批试验的超高碱度保护渣共使用超过 25 t,试验共浇注生产包晶钢超过 37 000 t,试验钢种包括 09CuPCrNi、P510L、L290、X60、X42、L360M-2、SAPH370 等。在使用超高碱度保护渣后,攀钢上述钢种铸坯的缺陷率由 18.56%下降至 2.57%以下。其中,18.56%仅统计优化前的纵裂率,2.57%包含了划痕等非保护渣因素造成的所有缺陷,优化后典型钢种纵裂率仅为

0.5%，基本杜绝了铸坯表面及皮下纵裂的发生。

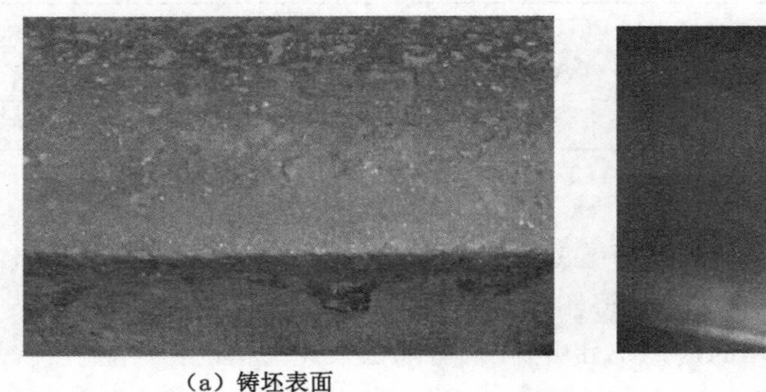

(a) 铸坯表面

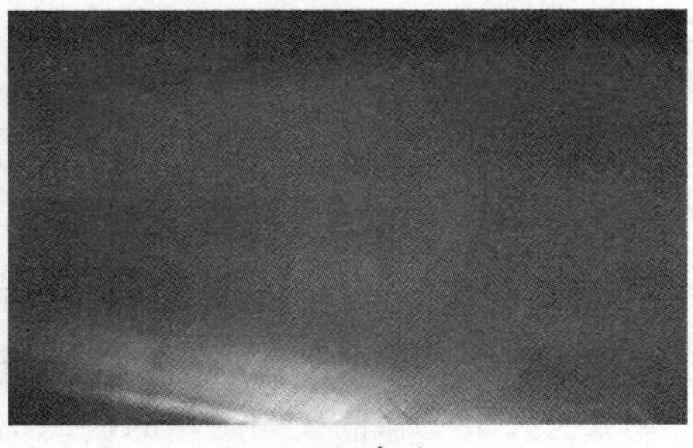

(b) 皮下

图 5-2 使用超高碱度保护渣后的典型形貌

在重钢和攀钢的普通板坯连铸机上大规模试用了超高碱度保护渣，试用结果表明，超高碱度保护渣具有优良的润滑和传热的性能。

除了在普通板坯及宽厚板连铸上的应用外，超高碱度保护渣还在唐钢薄板坯连铸机上进行了现场试验，试验钢种 SS400。当拉速为 4.5 m/min，使用普通高碱度保护渣(二元碱度 R=1.41)时，所得铸坯质量良好。但当连铸拉速提高并超过 5 m/min 时，铸坯表面即出现大量纵裂纹。为提高拉速并控制裂纹，现场试用了前述超高碱度保护渣，试验结晶器断面为 65 mm × 1 262 mm，拉速 4.8～5.0 m/min，共试验 3 个浇次共 33 炉。在此次试验中，得到结晶器热电偶温度曲线稳定，整个试验过程无黏结报警，铸坯表面质量在线检测无缺陷检出，且最终成品钢卷无质量问题。

第二节 保护渣凝固渣膜结构的设计

由于不同钢种在连铸时凝固特性不同，因此连铸过程中保护渣功能发挥的侧重点也不同，尤其是固渣膜控制传热和液渣膜润滑铸坯的能力需根据钢种和连铸工艺加以调整。由于保护渣凝固渣膜的结构及演变规律直接决定了其控制传热的能力，并明显影响液渣膜对铸坯的润滑，因此如果能主动调控，或者设计保护渣凝固渣膜的结构，便能直接促进保护渣基础理论的深化和品种的开发。结合保护渣凝固渣膜的结构及其演变规律的实验结果，可通过下述手段对保护渣凝固渣膜结构进行调控。

(1) 控制凝固渣膜冷面(与铜壁接触)粗糙度的生成及演变。初生固渣膜与水冷铜壁接触界面的热阻会持续影响固渣膜达到热平衡前的生长速率及厚度，并且渣-铜界面热阻是高碱度、高氟渣膜凝固初期控制传热的最重要因素之一(凝固初期固渣膜厚度较薄，且无晶体析出控制传热)。因此，凝固渣膜冷面(与铜壁接触)的粗糙度及表面轮廓特征，在不同条件下的生成与演变对传热控制及凝固渣膜生长控制方面有至关重要的作用。但是，受制于实验条件等因素，目前对这方面的研究还较少，没有形成系统的理论。

(2) 调控渣膜凝固初期玻璃层内闭孔的析出行为。由实验可知，渣膜凝固初期较薄时，玻璃层内即有闭孔生成，且明显成规律分布。由于冷却过程中，熔融保护渣中气体逸出不稳定或过量可导致弯月面保护渣流入、消耗不均，造成固渣膜结构不均，影响连铸稳定性。因此，通过调控初生渣膜内闭孔的析出行为，可稳定渣耗，并减小初生固渣膜表观密度，有利于初生固渣膜控制传热。

(3) 控制凝固渣膜内析出晶体的形貌。固渣膜外层凝固析晶形貌对渣膜总体闭孔率影响较大，粗大的板条状晶体倾向于保持和增大渣膜总体闭孔率，在一定程度上减小了渣膜有效导热系数，控制了固渣膜的持续增长，有利于保证液渣膜对铸坯的润滑。

第六章　结论和展望

第一节　主要结论

根据目前连铸技术发展对保护渣研究和应用提出的更高要求，本书在分析保护渣性能评价指标和评价手段的基础上，分别解析并改进了实验室获取保护渣凝固渣膜实验的过程和方法，使用了改进的小尺寸大、宽厚比水冷探头进入液渣获取凝固渣膜的方法。

基于目前裂纹敏感钢连铸过程中，保护渣控制传热和润滑铸坯的矛盾，以及无氟保护渣的开发应用等问题，本书选取了典型的 $CaO \cdot SiO_2 \cdot CaF_2$ 基普通高碱度、超高碱度及低碱度保护渣，以及 $CaO \cdot SiO_2 \cdot Na_2O$ 基低氟和无氟保护渣，获取了不同条件下的固渣膜样后，表征并评价了典型渣膜凝固结构演变规律和对控制传热的潜在影响。主要得到了如下结论：

（1）基于保护渣烧结过程低熔点液相生成的特性，提出并使用了应力-应变法，即使用恒定或可变的压应力施加在渣样上，升温过程中以渣样的体积应变反映渣样微区的低熔点液相的生成量。应力-应变法可检测、评价保护渣烧结特性，特别是可以检测评价保护渣升温过程中低熔点液相生成量的信息。

（2）本实验条件下，所有保护渣凝固渣膜冷面（与铜壁接触）粗糙度均在渣膜凝固初期呈玻璃态时形成，与后续渣膜凝固析晶或脱玻璃化析晶无因果关系。且保护渣二元碱度对初生渣膜冷面粗糙度影响明显，碱度较大时初始粗糙度较大，凝固初期渣-铜界面热阻较大，有利于凝固初期固渣膜迅速控制传热和后续固渣膜生长。

二元碱度较大时，保护渣结晶倾向较强，且保护渣高温水容量及二氧化碳容量同时也较大，导致保护渣在凝固过程中有气体逸出，在固渣膜内形成闭孔，或在渣膜冷面（与水冷铜壁接触侧）形成开孔，增加渣膜初始粗糙度。虽然液渣凝固时气体逸出可在固渣膜内形成闭孔，降低固渣膜表观密度，增加其控制传热的能力，但气体在液渣中不规则逸出可能导致液渣膜不均，渣耗不均，出现润滑不良现象。温度波动时，普通高碱度保护渣闭孔率波动较大，表明普通高碱度保护渣中气体逸出受冷却条件影响明显，超高碱度保护渣闭孔率受温度波动影响较小。

实验室及生产现场取样均发现，渣膜凝固初期由于温度较高，常呈软熔态，甚至部分脱玻璃化析晶发生后，仍能观察到靠近结晶器壁一侧固渣膜形变的现象，尤其是超高碱度保护渣更为明显，其固渣膜冷面粗糙度由于“漏渣”现象，在凝固生长过程中减小，使超高碱度固渣膜在凝固初期界面热阻较大，凝固后期界面热阻减小，实现了渣膜控制传热与润滑铸坯功能间的平衡。

值得注意的是，渣膜凝固初期产生的玻璃层的物化性能尤其重要，涉及闭孔的生成和固渣膜冷面粗糙度生成及演变的同时，还可造成通过初生渣膜微区热流密度的明显波动。如 $CaO \cdot SiO_2 \cdot Na_2O$ 基无氟和低氟保护渣初生玻璃渣膜中，裂纹的生成和熔合引起的热流波动。

(3) 制样使用激光脉冲法检测发现，普通高碱度与超高碱度全结晶保护渣样的导热系数差别不大，为 3.17～3.67 W/mK(306～615 ℃)。表明超高碱度保护渣控制传热性能优于普通高碱度保护渣的原因并非由通过生成更厚的固渣膜实现，而是通过初生渣膜冷面(与水冷铜壁接触)较大的粗糙度及较快的初生渣膜生长速率(析晶速率)等方面实现。

(4) 在渣膜凝固过程中，微区结构的演变可显著影响通过渣膜微区的热流密度。在 $CaO \cdot SiO_2 \cdot Na_2O$ 基低氟和无氟保护渣固渣膜生长过程中，初生玻璃渣膜玻璃层内有大量的裂纹生成及熔合演变，尤其是在渣膜凝固初期，裂纹的生成和熔合演变造成了通过渣膜微区热流的明显波动，不利于保护渣均匀、有效地控制传热。$CaO \cdot SiO_2 \cdot CaF_2$ 基保护渣凝固过程中，固渣膜内未见上述裂纹的生成和演变，热流密度也相对稳定。

(5) 检测了不同温度及凝固时间下固渣膜的真密度，发现随着渣膜中晶体的析出，渣膜真密度逐渐上升。因此，可以使用固渣膜凝固过程中真密度的演变规律，评价固渣膜中晶体的析出比例及析出速率。

第二节　展望及后续工作

结晶器壁与初生坯壳间的凝固渣膜是保护渣控制传热的主要途径，渣膜凝固是非平衡过程，且受冷却速率影响明显。渣膜凝固结构复杂，受影响因素众多，造成其在结晶器内的行为特性非常复杂。虽然本书通过改进的水冷探头凝固获取了结构有代表性的固渣膜，并且检测、分析、评价了固渣膜各结构及其演变规律和对传热的潜在影响。但是各结构的形成和演变对控制传热的贡献度，以及固渣膜各结构的调控机制还不十分明确。后续可从下述几点研究，丰富连铸保护渣基础理论并扩大连铸品种。

(1) 固渣膜各结构特征对传热控制的贡献度

由于固渣膜各结构的生成演变相互耦合影响，共同决定固渣膜的传热特性。因此，需定量评价各结构对传热的具体影响。在此基础上，即可研究渣膜结构参数的调控手段，为根据钢种特性和连铸工艺需要，精确设计保护渣凝固渣膜结构提供理论基础。根据第三章中对水冷探头实验获取热流密度曲线的解析，可知渣膜凝固过程中的结构与通过渣膜的瞬时热流密度对应。因此，可以通过全面统计和解析不同凝固时间、液渣温度条件下获取固渣膜的结构参数，与对应瞬时热流密度结合，共同分析具体结构参数对热流密度控制的贡献。例如，凝固渣膜冷面(与水冷铜壁接触)形貌特征与保护渣体系成分和凝固条件有关，但依据粗糙度 R_a 的检测原理，不同的形貌结构可能对应大小类似的粗糙度数值，简单地以 R_a 值评估界面热阻则显得不合适，需要结合微观形貌和渣系条件具体判断。低氟及无氟玻璃渣膜冷面粗糙度和温度较低时凝固获得的普通高碱度结晶渣膜粗糙度近似，但是冷面形貌却大相径庭。

(2) 保护渣水容量、二氧化碳容量的影响因素及凝固气体逸出规律

实验室凝固获取的渣膜及生产现场结晶器内获取的固渣膜内都发现了大量圆形闭孔，提示渣膜凝固析晶过程中有气体逸出。凝固时液渣中气体逸出不均匀时，可能造成结晶器

内液渣膜厚度和渣耗不均，造成润滑问题，但是渣膜内均匀生成的闭孔可在凝固初期迅速控制传热。因此，研究保护渣中水及二氧化碳等气体的容量性质以及在降温冷却过程中的逸出规律，是调控渣膜凝固过程中闭孔的生成和控制传热行为的基础。

（3）保护渣凝固渣膜析出晶体形貌调控

渣膜凝固过程中，凝固前沿晶体的生长行为可影响固渣膜热面部分的闭孔率，影响达到平衡前固渣膜的生长速率及总体厚度，进而对液渣膜厚度、均匀性和润滑性能产生影响。尤其是保护渣二元碱度不同时，凝固析出枪晶石形貌差别较大，超高碱度渣膜析出含铝元素的板条状枪晶石，普通碱度渣膜析出块状和多面枝晶状枪晶石，对固渣膜后期凝固生长速率和总体厚度影响较大。

（4）固渣膜微区热流密度与结构演变的关系

在以前的研究和实践中，大都通过结晶器铜壁热电偶温度信号，或实验室水冷探头等方式获取通过渣膜热流密度大小，以评价固渣膜控制热流密度的能力和稳定性。但是，本书使用壁厚 1.5 mm 的小尺寸水冷铜探头后，减小了铜壁的热缓冲作用，使实验中获得的热流数据更能反映渣膜微小区域结构波动对传热的影响。因此，在低氟及无氟保护渣凝固渣膜的获取过程中，发现固渣膜玻璃层内出现了裂纹的生成和熔合演变现象，并导致通过初生渣膜的热流密度出现大幅度波动，影响微区传热。

在裂纹敏感钢的连铸过程中，通过渣膜的热流密度过大或微区热流不均都可导致铸坯表面纵裂的产生。因此，除了固渣膜整体控制传热性能的研究外，渣膜凝固过程中微区结构改变引起的微区热流大幅度波动也可恶化固渣膜控制传热的性能，造成表面裂纹的萌生，需要在以后的研究中重点研究。

参考文献

[1] 迟景灏,甘永年.连铸保护渣[M].沈阳:东北大学出版社,1993.

[2] 贺道中.连续铸钢[M].北京:冶金工业出版社,2007.

[3] 重庆大学连铸研究室.铸钢用保护渣译文集[M].重庆:重庆大学出版社,1986.

[4] 陈雷.连续铸钢[M].北京:冶金工业出版社,1994.

[5] 李茂旺,胡秋芳.连续铸钢[M].北京:冶金工业出版社,2016.

[6] 李荣德,米国发.铸造工艺学[M].北京:机械工业出版社,2013.

[7] HIRAKI S,NAKAJIMA K,MURAKAMI et al. Influence of mould heat fluxes on longitudinal surface cracks during high speed continuous casting of steel slab//[C],77th Steelmaking Conference Proceedings,ISS-AIME,1994:397-403.

[8] BOTHMA J A. Heat transfer through mold flux with titanium oxide additions [D]. South Africa:University of Pretoria,2006.

[9] WANG W L,LU B X,XIAO D. A review of mold flux development for the casting of high-Al steels[J]. Metallurgical and Materials Transactions B,2016,47(1):384-389.

[10] YOON D W,CHO J W,KIM S H. Controlling radiative heat transfer across the mold flux layer by the scattering effect of the borosilicate mold flux system with metallic iron[J]. Metallurgical and Materials Transactions B,2017,48(4):1951-1961.

[11] CHO J W,YOO S,PARK M S,et al. Improvement of castability and surface quality of continuously cast TWIP slabs by molten mold flux feeding technology[J]. Metallurgical and Materials Transactions B,2017,48(1):187-196.

[12] TODOROKI H,ISHII T,MIZUNO K,HONGO A. Effect of crystallization behavior of mold flux on slab surface quality of a Ti-bearing Fe-Cr-Ni super alloy cast by means of continuous casting process[J]. Materials Science and Engineering:A,2005,413-144(12):121-128.

[13] MILLS K C. Development of test method for measuring sintering temperature of mould fluxes[J]. Journal of Iron and Steel Research(International),2011,18(4):1-6.

[14] MILLS K C,FOX A B. The role of mould fluxes in continuous casting-so simple and yet so complex[J]. ISIJ International,2003,43(10):1479-1486.

[15] PERROT C,PONTOIRE J N,MARCHIONNI C,et al. Several slag rims and lubrication behaviours in slab casting[J]. Revue De Métallurgie,2005,102(12):887-896.

[16] SUSA M,MILLS K C,RICHARDSON M J,et al. Thermal properties of slag films taken from continuous casting mould[J]. Ironmaking & steelmaking,1994,21(4):279-286.

[17] MILLS K C. Treatise on process metallurgy[M], vol. 3, Elsevier, Oxford, 2014: 435-475.

[18] LONG X,HE S P,XU J F,et al. Properties of high basicity mold fluxes for peritectic steel slab casting[J]. Journal of Iron and Steel Research(International),2012,19(7): 39-45.

[19] ZAITSEV A I,LEITES A V,LRTVINA A D,et al. Investigation of the mould powder volatiles during continuous casting[J]. Steel research international,1994,65(9): 368-374.

[20] SHINMEI M,MACHIDA T. Vaporization of AlF_3 from the slag CaF_2-Al_2O_3[J]. Metallurgical Transactions,1973,4(8):1996-1997.

[21] SHIMIZU K,SUZUKI T,JIMBO I,et al. An investigation on the vaporization of fluorides from slag melts//[C]. Ironmaking Conference Proceedings,1996:727-733.

[22] YIN H B,YAO M. Analysis of the nonuniform slag film,mold friction,and the new cracking criterion for round billet continuous casting[J]. Metallurgical and Materials Transactions B,2005,36(6):857-864.

3] CHO J W,EMI T,SHIBATA H,et al. Heat transfer across mold flux film in mold during initial solidification in continuous casting of steel[J]. ISIJ International,1998,38(8):834-842.

[24] K WATANABE,廖永松. 中碳钢高速连铸结晶器保护渣的改进[J]. 武钢技术,1997,35(6):20-22.

[25] OHMIYA S. Heat Transfer through layers of casting fluxes[J]. Ironmaking and Steelmaking,1983,10(1):24-30.

[26] MCDAVID R M,THOMAS B G. Flow and thermal behavior of the top surface flux/powder layers in continuous casting molds[J]. Metallurgical and Materials Transactions B,1996,27(4):672-685.

[27] SUZUKI M,YAMAOKA Y. Influence of carbon content on solidifying shell growth of carbon steels at the initial stage of solidification[J]. Materials Transactions,2003,44(5):836-844.

[28] HIRAKI S,NAKAJIMA K,MURAKAMI T,et al. Influence of mould heat fluxes on longitudinal surface cracks during high speed continuous casting of steel slab//[C]. 77th Steelmaking Conference Proceedings,ISS-AIME,1994:397-403.

[29] HUNT A, STEWART B. Techniques for controlling heat transfer in the mould-strand gap in order to use fluoride free mould powder for continuous casting of peritectic steel grades[C]//Advances in Molten Slags, Fluxes, and Salts: Proceedings of the 10th International Conference on Molten Slags, Fluxes and Salts 2016, 2016: 349-356.

[30] STEWART B. Control of horizontal heat flux in a continuous casting mould by the deliberate introduction of porosity into the mould-strand gap[J]. Internal Report, Tata Steel. 2013.

[31] NAKAI K,SAKASHITA T,HASHIO M,et al. Effect of mild cooling in mould upon solidified shell formation of continuous cast slab[J]. Tetsu-to-Hagane,1987,73,(3):498-504.

[32] SUSA M,NAGATA K,MILLS K C. Absorption coefficients and refractive indices of synthetic glassy slags containing transition metal oxides[J]. Ironmaking and Steelmaking,1993,20(5):372-378.

[33] HAYASHI M,SUSA M,OKI T,et al. Shift of the Absorption Edge for the Charge Transfer Band in Slags Containing Iron Oxides[J]. ISIJ International,1997,37(2):126-133.

[34] WANG W L,CRAMB A W. The effect of the transition metal oxide content of a mold flux on the radiation heat transfer rates[J]. Steel Research International,2008,79(4):271-277.

[35] ZHAO H,WANG W L,ZHOU L J,et al. Effects of MnO on crystallization,melting,and heat transfer of CaO-Al_2O_3-based mold flux used for high Al-TRIP steel casting[J]. Metallurgical and Materials Transactions B,2014,45(4):1510-1519.

[36] 曹磊. 包晶钢连铸坯表面纵裂与保护渣性能选择[J]. 钢铁,2015,50(2):38-42.

[37] 赵紫锋,王新华,张炯明,等. 中碳钢板坯保护渣性能优化及提高拉速工业试验研究[J]. 钢铁,2009,44(3):24-27.

[38] 朱礼龙,何生平,毛敬华,等. 特厚板连铸保护渣系列规划[J]. 钢铁,2016,51(3):44-48.

[39] MA F J,LIU Y Z,WANG W L,et al. Study of solidification and heat transfer behavior of mold flux through mold flux heat transfer simulator technique:part II. effect of mold oscillation on heat transfer behaviors[J]. Metallurgical and Materials Transactions B,2015,46(4):1902-1911.

[40] NAKADA H,SUSA M,SEKO Y,et al. Mechanism of heat transfer reduction by crystallization of mold flux for continuous casting[J]. ISIJ International,2008,48(4):446-453.

[41] SUSA M,KUSHIMOTO A,TOYOTA H,et al. Effects of both crystallisation and iron oxides on the radiative heat transfer in mould fluxes[J]. ISIJ International,2009,49(11):1722-1729.

[42] NAKADA H,NAGATA K. Crystallization of CaO-SiO_2-TiO_2 slag as a candidate for fluorine free mold flux[J]. ISIJ International,2006,46(3):441-449.

[43] TSUTSUMI K,NAGASAKA T,HINO M. Surface roughness of solidified mold flux in continuous casting process[J]. ISIJ International,1999,39(11):1150-1159.

[44] WANG L,ZHANG C,CAI D X,et al. Effects of CaO/SiO_2 Ratio and Na_2O content on MeltingProperties and viscosity of SiO_2-CaO-Al_2O_3-B_2O_3-Na_2O mold fluxes[J]. Metallurgical and Materials Transactions B,2017,48(1):516-526.

[45] PARK J Y,KIM G H,KIM J B,et al. Thermo-physical properties of B_2O_3-containing mold flux for high carbon steels in thin slab continuous casters:structure,viscosity,

crystallization, and wettability[J]. Metallurgical and Materials Transactions B, 2016, 47(4): 2582-2594.

[46] XU C, WANG W L, ZHOU L J, et al. The effects of Cr_2O_3 on the melting, viscosity, heat transfer, and crystallization behaviors of mold flux used for the casting of Cr-bearing alloy steels[J]. Metallurgical and Materials Transactions B, 2015, 46(2): 882-892.

[47] ELFSBERG J, MATSUSHITA T. Measurements and calculation of interfacial tension between commercial steels and mould flux slags[J]. Steel Research International, 2011, 82(4): 404-414.

[48] ZHOU L J, WANG W L, HUANG D Y, et al. *In situ* observation and investigation of mold flux crystallization by using double hot thermocouple technology[J]. Metallurgical and Materials Transactions B, 2012, 43(4): 925-936.

[49] KASHIWAYA Y, CICUTTI C E, CRAMB A W, et al. Development of double and single hot thermocouple technique for *in situ* observation and measurement of mold slag crystallization[J]. ISIJ International, 1998, 38(4): 348-356.

[50] WEN GUANG-HUA LIU HUI TANG PING COLLEGE OF MATERIALS SCIENCE, ENGINEERING, UNIVERSITY C, et al. CCT and TTT diagrams to characterize crystallization behavior of mold fluxes[J]. Journal of Iron and Steel Research (International), 2008, 15(4): 32-37.

[51] ZHU L L, WANG Q, ZHANG S D, et al. Volatilisation problems in the measurement of mould fluxes crystallisation by hot thermocouple technique[J]. Ironmaking and Steelmaking, 2017, 46(2): 1-7.

[52] ZAITSEV A I, LEITES A V, LRTVINA A D, et al. Investigation of the mould powder volatiles during continuous casting[J]. Steel Research, 1994, 65(9): 368-374.

[53] RYU H G, ZHANG Z T, CHO J W, et al. Crystallization behaviors of slags through a heat flux simulator[J]. ISIJ International, 2010, 50(8): 1142-1150.

[54] ASSIS K L S. Heat transfer through mold fluxes: a new approach to measure thermal properties of slags[D]. Pittsburgh: Carnegie Mellon University, 2016.

[55] WEN G H, SRIDHAR S, TANG P, et al. Development of fluoride-free mold powders for peritectic steel slab casting[J]. ISIJ International, 2007, 47(8): 1117-1125.

[56] GU K Z, WANG W L, WEI J, et al. Heat-transfer phenomena across mold flux by using the inferred emitter technique[J]. Metallurgical and Materials Transactions B, 2012, 43(6): 1393-1404.

[57] ZHAO H, WANG W L, ZHOU L J, et al. Effects of MnO on crystallization, melting, and heat transfer of $CaO-Al_2O_3$-based mold flux used for high Al-TRIP steel casting [J]. Metallurgical and Materials Transactions B, 2014, 45(4): 1510-1519.

[58] WANG W L, CRAMB A W. The observation of mold flux crystallization on radiative heat transfer[J]. ISIJ International, 2005, 45(12): 1864-1870.

[59] YOON D W, CHO J W, KIM S H. Controlling radiative heat transfer across the mold

flux layer by the scattering effect of the borosilicate mold flux system with metallic iron[J]. Metallurgical and Materials Transactions B,2017,48(4):1951-1961.

[60] LONG X,HE S P,ZHU L L,et al. Effects of crystallization of mould fluxes on property of liquid slag film and its impact on peritectic steel slab continuous casting//[C]. 4th International Symposium on High-Temperature Metallurgical Processing, John Wiley & Sons,Hoboken,N. J. ,2013:155-162.

[61] 潘志胜,王谦,何生平,等. 连铸保护渣组分对粘度的影响[J]. 四川冶金,2010,32(5):17-21.

[62] WU T,WANG Q,HE S P,et al. Study on properties of alumina-based mould fluxes for high-Al steel slab casting[J]. Steel Research International, 2012, 83(12):1194-1202.

[63] 何生平,王谦,曾建华,等. 高铝钢连铸保护渣性能的控制[J]. 钢铁研究学报,2009,21(12):59-62.

[64] 王强,仇圣桃,赵沛,等. 高铝钢连铸保护渣的研究现状[J]. 炼钢,2012,28(1):74-78.

[65] HE S P,HUANG Q Y,ZHANG G X,et al. Solidification properties of $CaO-SiO_2-TiO_2$ based mold fluxes[J]. Journal of Iron and Steel Research International,2011,18(7):15.

[66] WEN G H,ZHU X B,TANG P,et al. Influence of raw material type on heat transfer and structure of mould slag[J]. ISIJ International,2011,51(7):1028-1032.

[67] MAHAPATRA R B,BRIMACOMBE J K,SAMARASEKERA I V,et al. Mold behavior and its influence on quality in the continuous casting of steel slabs:part i. Industrial trials,mold temperature measurements,and mathematical modeling[J]. Metallurgical and Materials Transactions B,1991,22(6):861-874.

[68] MAHAPATRA R B,BRIMACOMBE J K,SAMARASEKERA I V. Mold behavior and its influence on quality in the continuous casting of steel slabs:part II. Mold heat transfer,mold flux behavior,formation of oscillation marks,longitudinal off-corner depressions,and subsurface cracks[J]. Metallurgical and Materials Transactions B,1991,22(6):875-888.

[69] FALLAH-MEHRJARDI A,HAYES P C,JAK E. Investigation of freeze-linings in copper-containing slag systems:part I. preliminary experiments[J]. Metallurgical and Materials Transactions B,2013,44(3):534-548.

[70] FALLAH-MEHRJARDI A,JANSSON J,TASKINEN P,et al. Investigation of the freeze-lining formed in an industrial copper converting calcium ferrite slag[J]. Metallurgical and Materials Transactions B,2014,45(3):864-874.

[71] OZAWA S,SUSA M,GOTO T,et al. Lattice and radiation conductivities for mould fluxes from the perspective of degree of crystallinity[J]. ISIJ International,2006,46(3):413-419.

[72] LLOYD J R,MORAN W R. Natural convection adjacent to horizontal surface of various planforms[J]. Journal of Heat Transfer,1974,96(4):443-447.

[73] ASSIS K L S, PISTORIUS P C. Improved cold-finger measurement of heat flux through solidified mould flux[J]. Ironmaking & Steelmaking, 2018, 45(6): 502-508.

[74] Kromhout, Dekker, Kawamoto, et al. Challenge to control mould heat transfer during thin slab casting[J]. Ironmaking & Steelmaking, 2013, 40(3): 206-215.

[75] HOOLI P. Study on the layers in the film originating from the casting powder between steel shell and mould and associated phenomena in continuous casting of stainless steel[D]. Helsinki: Helsinki University of Technology, 2007.

[76] ANDERSSON S P, EGGERTSON C. Thermal conductivity of powders used in continuous casting of steel, part 1-glassy and crystalline slags[J]. Ironmaking & Steelmaking, 2015, 42(6): 456-464.

[77] ANISIMOV K N, LONGINOV A M, TOPTYGIN A M, et al. Investigation of the mold powder film structure and its influence on the developed surface in continuous casting[J]. Steel in Translation, 2016, 46(7): 489-495.

[78] ANISIMOV K N, LONGINOV A M, GUSEV M P, et al. Influence of mold flux on the thermal processes in the mold[J]. Steel in Translation, 2016, 46(8): 589-594.

[79] GALLE C. Effect of drying on cement-based materials pore structure as identified by mercury intrusion porosimetry: A comparative study between oven-, vacuum-, and freeze-drying[J]. Cement and Concrete Research, 2001, 31(10): 1467-1477.

[80] DIAMOND S. Mercury porosimetry An inappropriate method for the measurement of pore size distributions in cement-based materials[J]. Cement and Concrete Research, 2000, 30(10): 1517-1525.

[81] SING K. The use of nitrogen adsorption for the characterisation of porous materials [J]. Colloids and Surfaces A: Physicochemical and Engineering Aspects, 2001, 187: 3-9.

[82] BARRETT E P, JOYNER L G, HALENDA P P. The determination of pore volume and area distributions in porous substances. I. Computations from nitrogen isotherms [J]. Journal of the American Chemical Society, 1951, 73(1): 373-380.

[83] JOYNER L G, BARRETT E P, SKOLD R. The determination of pore volume and area distributions in porous substances. II. Comparison between nitrogen isotherm and mercury porosimeter methods[J]. Journal of the American Chemical Society, 1951, 73 (7): 3155-3158.

[84] BOGDAN N. Multiparameter representation of surface roughness[J]. Wear, 1985, 102 (3): 161-176.

[85] LUKYANOV V S. Surface roughness and parameters[J]. Precision Engineering, 1983, 5(3): 99-100.

[86] THOMAS T R. Characterization of surface roughness[J]. Precision Engineering, 1981, 3(2): 97-104.

[87] GONZÁLEZ DE LA C J M, FLORES F T M, CASTILLEJOS E A H. Study of shell-mold thermal resistance: laboratory measurements, estimation from compact strip

production plant data, and observation of simulated flux-mold interface[J]. Metallurgical and Materials Transactions B, 2016, 47(4): 2509-2523.

[88] PISTORIUS P C, VERMA N. Matrix effects in the energy dispersive X-ray analysis of CaO-Al_2O_3-MgO inclusions in steel[J]. Microscopy and Microanalysis, 2011, 17(6): 963-971.

[89] ANDREWS L, PISTORIUS C P, WAANDERS F B. Electron beam and Mössbauer techniques combined to optimise base metal partitioning in the furnace[J]. Microchimica Acta, 2008, 161(3/4): 445-450.

[90] RINALDI R, LLOVET X. Electron probe microanalysis: a review of the past, present, and future[J]. Microscopy and Microanalysis, 2015, 21(5): 1053-1069.

[91] SEO M D, SHI C B, CHO J W, et al. Crystallization behaviors of CaO-SiO_2-Al_2O_3-Na_2O-CaF_2-(Li_2O-B_2O_3) mold fluxes[J]. Metallurgical and Materials Transactions B, 2014, 45(5): 1874-1886.

[92] WANG Z, SHU Q F, CHOU K. Crystallization kinetics and structure of mold fluxes with SiO_2 being substituted by TiO_2 for casting of titanium-stabilized stainless steel [J]. Metallurgical and Materials Transactions B, 2013, 44(3): 606-613.

[93] YAMAUCHI A, SORIMACHI K, SAKURAYA T, et al. Heat transfer between mold and strand through mold flux film in continuous casting of steel[J]. ISIJ International, 1993, 33(1): 140-147.

[94] NISHIOKA K, MAEDA T, SHIMIZU M. Application of square-wave pulse heat method to thermal properties measurement of CaO-SiO_2-Al_2O_3 system fluxes[J]. ISIJ International, 2006, 46(3): 427-433.

[95] He, Long, Xu, et al. Effects of crystallisation behaviour of mould fluxes on properties of liquid slag film[J]. Ironmaking & Steelmaking, 2012, 39(8): 593-598.

[96] KAJITANI T, KATO Y, HARADA K, et al. Mechanism of a hydrogen-induced sticker breakout in continuous casting of steel: influence of hydroxyl ions in mould flux on heat transfer and lubrication in the continuous casting mould[J]. ISIJ International, 2008, 48(9): 1215-1224.

[97] YI K W, KIM Y T, KIM D Y. A numerical simulation of the thickness of molten mold flux film in continuous casting[J]. Metals and Materials International, 2007, 13(3): 223-227.

[98] KAJITANI T, YAMADA W, YAMAMURA H, ett al. Mould lubrication and control of initial solidification associated with continuous casting of steel [J]. Tetsu-to-Hagane', 2008, 94(6): 1-12.

[99] GUO J, SEO M D, SHI C B, et al. Control of crystal morphology for mold flux during high-aluminum AHSS continuous casting process [J]. Metallurgical and Materials Transactions B, 2016, 47(4): 2211-2221.

[100] PERSSON M, SEETHARAMAN S, SEETHARAMAN S. Kinetic studies of fluoride evaporation from slags[J]. ISIJ International, 2007, 47(12): 1711-1717.

[101] SHAHBAZIAN F, SICHEN D, MILLS K C, et al. Experimental studies of viscosities of some CaO-CaF_2-SiO_2 slags[J]. Ironmaking & Steelmaking, 2013, 26(3): 193-199.

[102] NEELAKANTAN V N, SHAHBAZIAN F, DU S C, et al. Estimation of escape rate of volatile components from slags containing CaF_2 during viscosity measurement[J]. Steel Research International, 1999, 70(2): 53-58.

[103] ZHANG Z T, WEN G H, ZHANG Y Y. Crystallization behavior of F-free mold fluxes[J]. International Journal of Minerals, Metallurgy, and Materials, 2011, 18(2): 150-158.

[104] CHOI S Y, LEE D H, SHIN D W, et al. Properties of F-free glass system as a mold flux: viscosity, thermal conductivity and crystallization behavior[J]. Journal of Non-Crystalline Solids, 2004, 345-346(10): 157-160.

[105] ZHANG Z T, LI J, LIU P. Crystallization behavior in fluoride-free mold fluxes containing TiO_2/ZrO_2[J]. Journal of Iron and Steel Research International, 2011, 18(5): 31-37.

[106] WANG Q, LU Y J, HE S P, et al. Formation of TiN and Ti (C, N) in TiO_2 containing, fluoride free, mould fluxes at high temperature[J]. Ironmaking & Steelmaking, 2011, 38(4): 297-301.

[107] WANG Z, SHU Q F, CHOU K. Study on structure characteristics of B_2O_3 and TiO_2-bearing F-free mold flux by Raman spectroscopy[J]. High Temperature Materials and Processes, 2013, 32(3): 265-273.

[108] Park, Chang, Sohn. Effect of MnO to hydrogen dissolution in CaF_2-CaO-SiO_2 based welding type fluxes[J]. Science and Technology of Welding and Joining, 2012, 17(2): 134-140.

[109] BAN YA S, HINO M, NAGASAKA T. Estimation of water vapor solubility in molten silicates by quadric formalism based on the regular solution model[J]. ISIJ International, 1993, 33(1): 12-19.

[110] M HE Y, WANG Q, HU B, et al. Application of high-basicity mould fluxes for continuous casting of large steel slabs[J]. Ironmaking & Steelmaking, 2016, 43(8): 588-593.

[111] 何宇明. 大型板坯连铸机漏钢预防技术[J]. 连铸, 2017, 42(1): 41-45.

[112] 翁建军. 高碱度高润滑性连铸保护渣的研究和应用[J]. 炼钢, 2016, 32(1): 52-54.